Mathematik

1

eins zwei drei

Teil B

Erarbeitet von
Ümmü Demirel
Astrid Deseniss
Claudia Drews
Christina Hohenstein
Christian Grulich
Anne Schachner
Susanne Ullrich
Christine Winter

und
der Cornelsen Redaktion
Primarstufe

Cornelsen

Kleine und große Aufgaben

13 + 4

die kleine Aufgabe
die große Aufgabe

Die kleine Aufgabe hilft mir. 3 plus 4 gleich 7.

13 + 4 = 17

3 + 4 = 7

①

6 + 2 = ☐
16 + 2 = ☐

2 + 5 = ☐
12 + 5 = ☐

☐ + 1 = ☐
13 + 1 = ☐

☐ + 5 = ☐
14 + 5 = ☐

☐ + ☐ = ☐
15 + 3 = ☐

☐ + ☐ = ☐
11 + 7 = ☐

32 **Didaktische Information**
Zum Abdecken des Zehners eignet sich Transparentpapier; Zusammenhang zwischen kleiner und großer Aufgabe thematisieren; zuerst die kleine, dann die große Aufgabe

Sprechen
3 plus 4 gleich 7.

▸D 83/84
▸KV 78

Das bedeuten die Zeichen:

Piktogramme: schreiben zeichnen ausschneiden kleben

① Anforderungsbereich „Reproduzieren“

① Anforderungsbereich „Zusammenhänge herstellen“

① Anforderungsbereich „Verallgemeinern und Reflektieren“

Einführung

② 7 + 2 = □ 4 + 3 = □ 1 + 7 = □
17 + 2 = □ 14 + 3 = □ 11 + 7 = □

□ + 1 = □ □ + 8 = □ □ + 6 = □
16 + 1 = □ 11 + 8 = □ 13 + 6 = □

□ + □ = □ □ + □ = □ □ + □ = □
15 + 4 = □ 12 + 3 = □ 18 + 1 = □

③ 0 + 2 = □ 0 + 6 = □ 0 + 9 = □
10 + 2 = □ 10 + 6 = □ 10 + 9 = □

0 + 10 = □ 4 + 0 = □ 7 + 3 = □
10 + 10 = □ 14 + 0 = □ 17 + 3 = □

▸KV 78

Sprechen
Ich finde zuerst die kleine Aufgabe. Ich rechne die kleine Aufgabe, dann die große Aufgabe.
7 plus 2 gleich 9, also ist 17 plus 2 gleich 19.

Didaktische Information
3 und 13 sind genauso „verwandt" wie 10 und 20 – mit den Kindern thematisieren; D Kinder können die Aufgaben zuerst im Zwanzigerfeld legen (Kartonbeilage)

33

Leo und Lina bringen Hilfsmittel oder erinnern an Strategien.

Plättchen und Zwanzigerfeld

Partnerzahlen

Hier kannst du mit einem Partner üben.

Sprachförderung

Erklärung/ Grundwissen

Partnerkurs

Fachwortschatz

ist kleiner als
ist gleich
ist größer als

Inhaltsverzeichnis

Die Zahlen bis 20

Spiegeln und Geobrett

Addieren bis 20

Körper und Formen

Die Zahlen bis 20

①

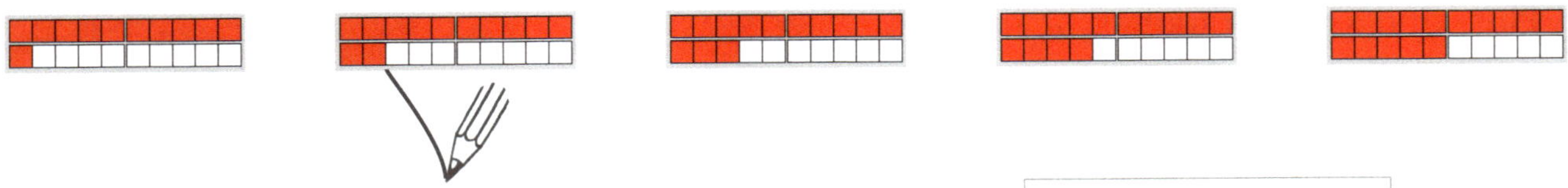

elf
zwölf
dreizehn
vierzehn
fünfzehn

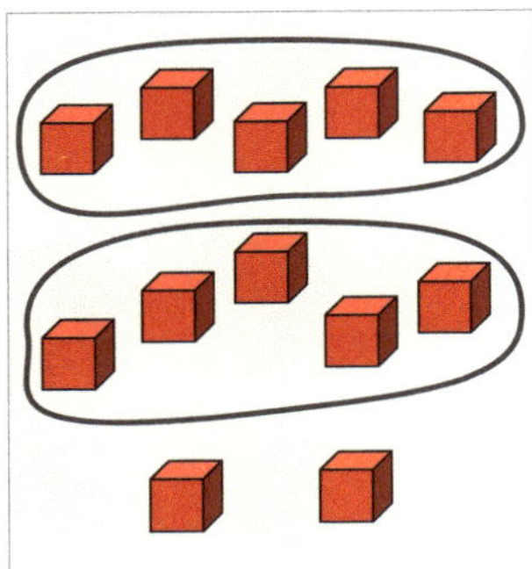

12

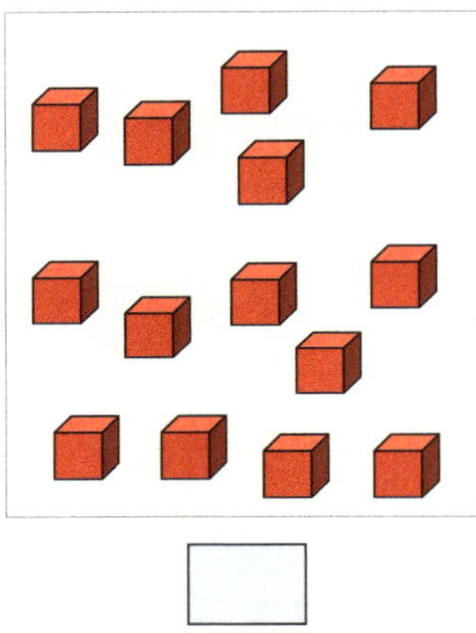

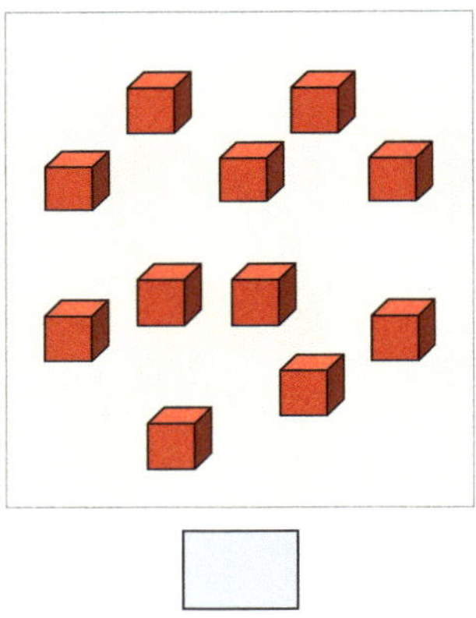

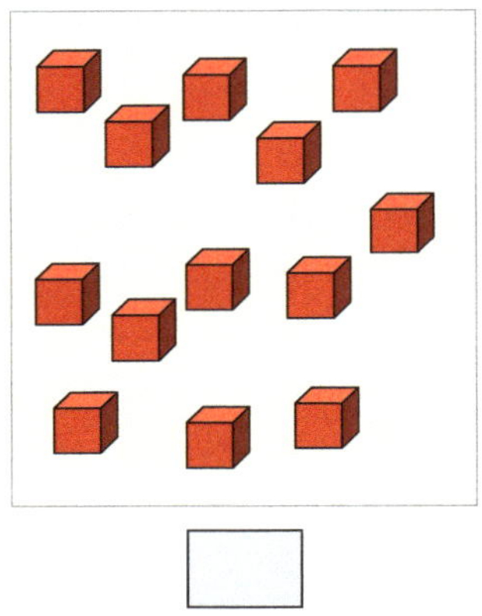

Didaktische Information
Mengen bestimmen. Nutzen der „Kraft der Fünf", damit die Menge strukturiert wird

Sprechen
Ich zähle mit meinem Partner vorwärts.
! Langsames Sprechen kann den Aufbau der Zahlen verdeutlichen: *drei_ zehn* (Ausnahmen: 11 und 12)

► D 65/66
► KV 62

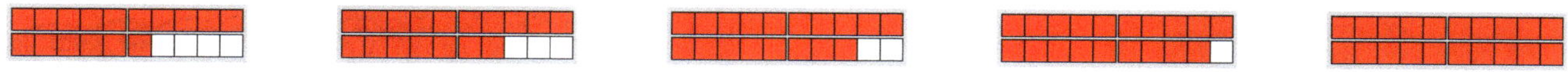

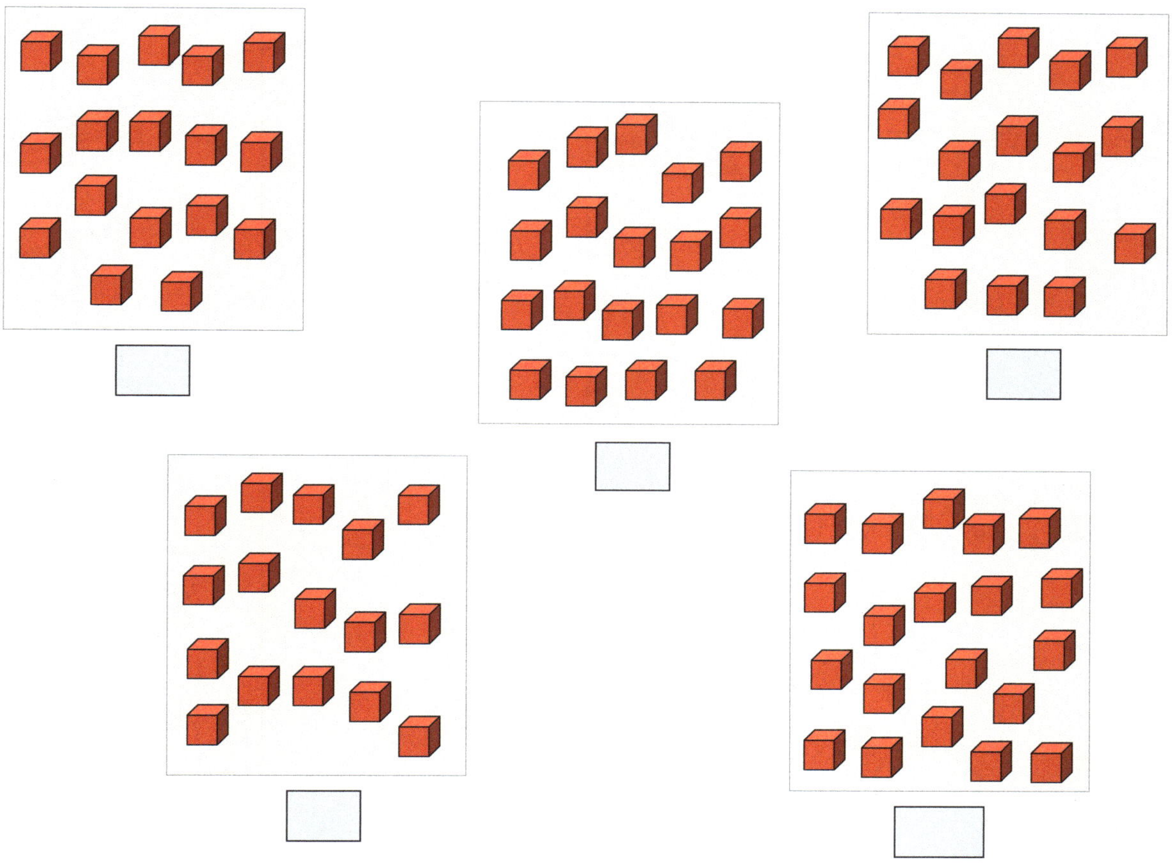

sechzehn
siebzehn
achtzehn
neunzehn
zwanzig

Sprechen
Ich zähle mit meinem Partner rückwärts.

Didaktische Information
Festigung der Zahlenreihe im Partnerkurs

Zahlendetektive

Didaktische Information
Gegenstände im Klassenraum oder der Umgebung zählen und dazu eine Wandzeitung gestalten

Sprechen
Ich sehe ...
! Wortklärung mit Genus: Gegenstände mit bestimmten Artikel und Zahlen mit unbestimmten Artikel benennen

▸ D 65/66
▸ KV 63

①

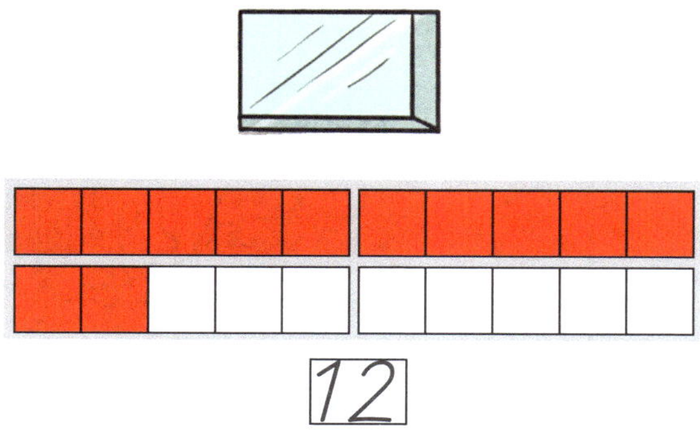

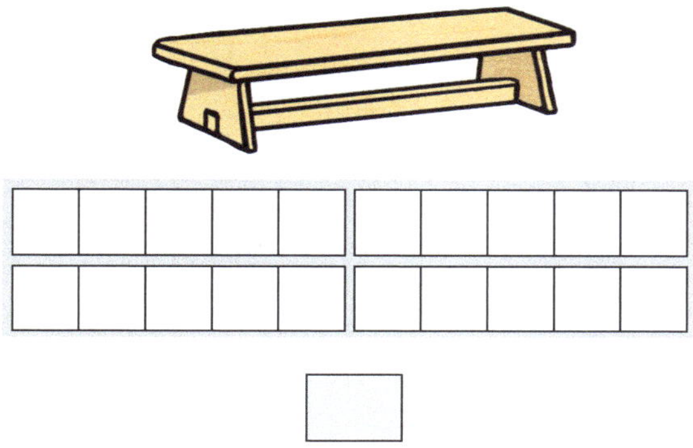

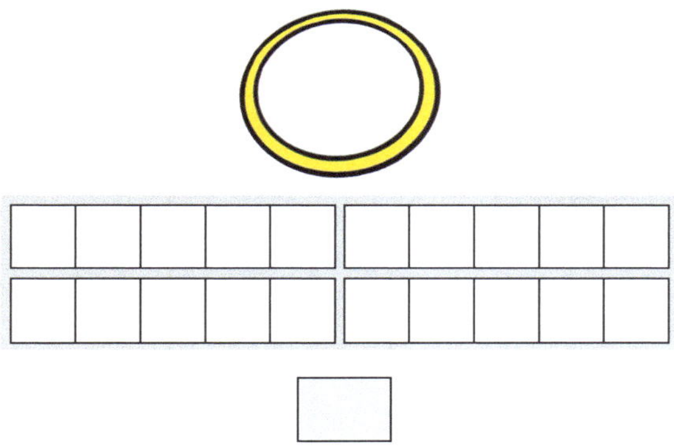

▸ D 65/66
▸ KV 63

Sprechen
Ich sehe …

Didaktische Information
Strukturierte Darstellung der Zahlen bis 20 im Zwanzigerfeld
D Kinder können die Mengen zuerst im Zwanzigerfeld legen (Kartonbeilage)

Zahlen legen

①

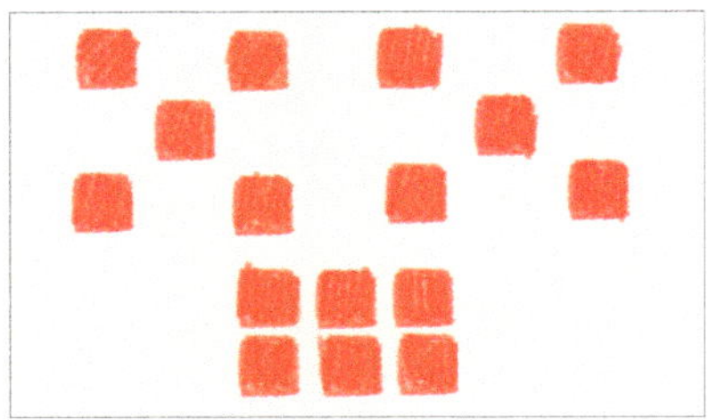

17 | 15 | 19

Didaktische Information
Mengen sollen von den Kindern strukturiert gelegt und gezeichnet werden; ! Fünferstreifen tauchen erstmals auf (Kartonbeilage); Hinweise zur Einführung in den Handreichungen beachten

Sprechen
Wie kannst du die Zahl schnell erkennen?

▸ D 67/68
▸ KV 64

2

3

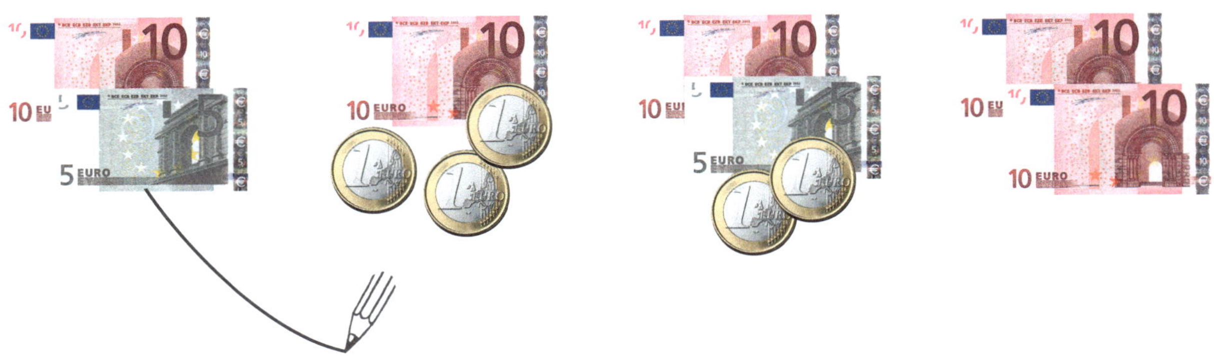

10 + 3 | 10 + 7 | 10 + 10 | 10 + 5 | 10 + 4

▸ D 67/68
▸ KV 64

Didaktische Information
Die Zahlen von 10 bis 20 als Zerlegung mit der 10 als einen Teil verstehen;
D Kinder können die Mengen zuerst mit Material legen (Kartonbeilage)

Plusaufgaben mit 10

1

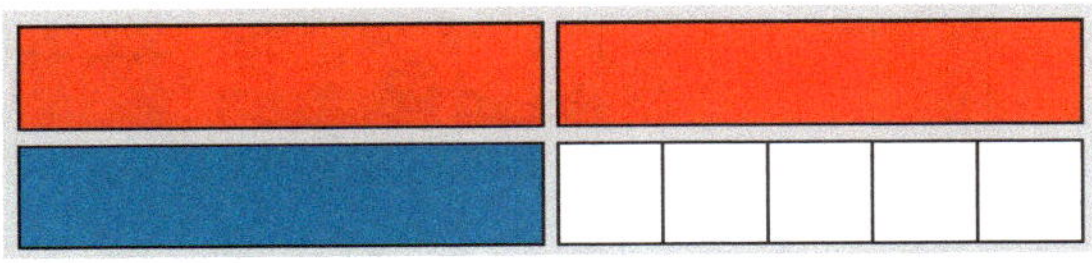

10 + 5 = 15

☐ + ☐ = ☐

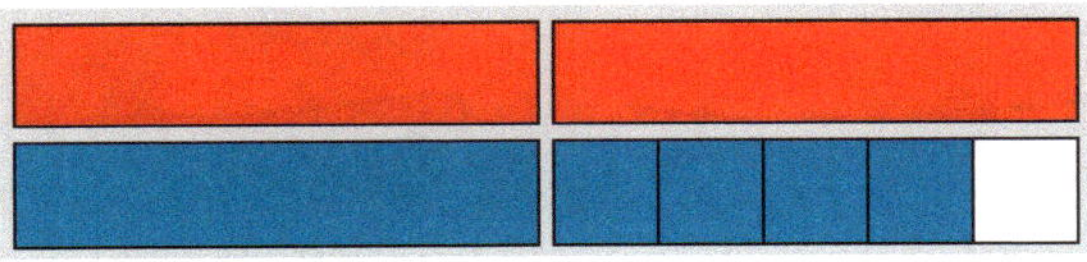

☐ + ☐ = ☐

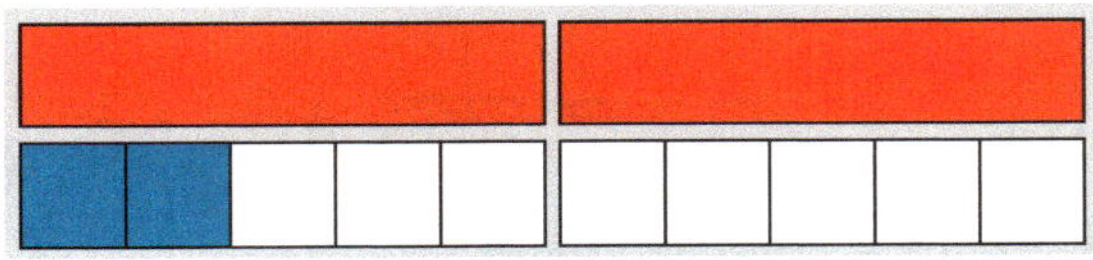

☐ + ☐ = ☐

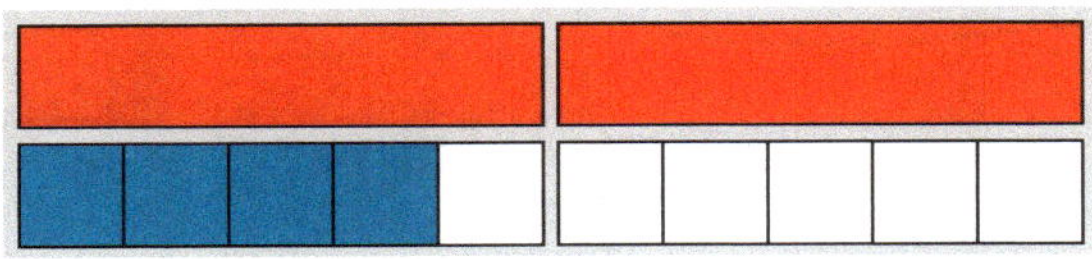

☐ + ☐ = ☐

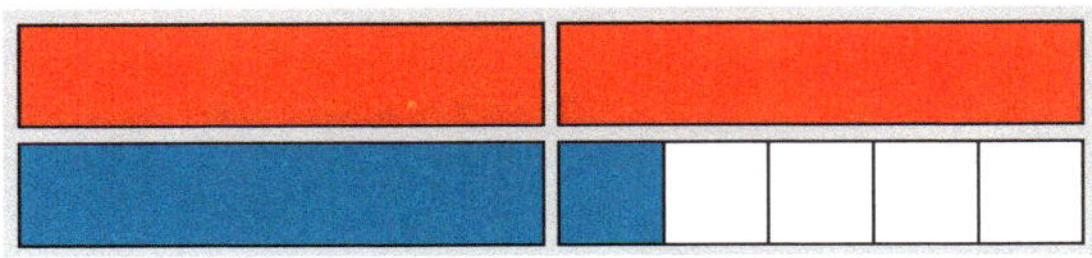

☐ + ☐ = ☐

2

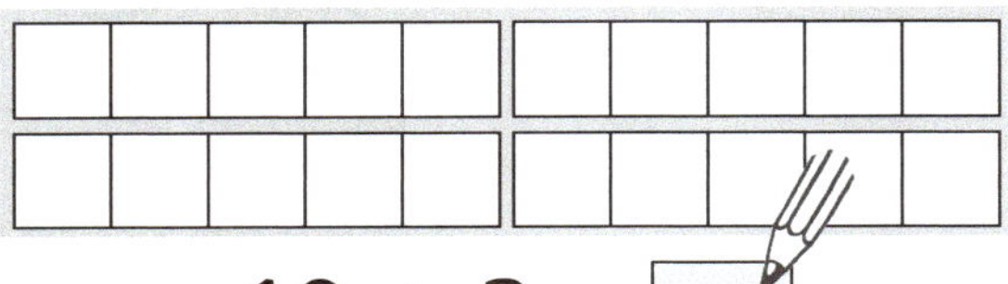

10 + 3 = ☐

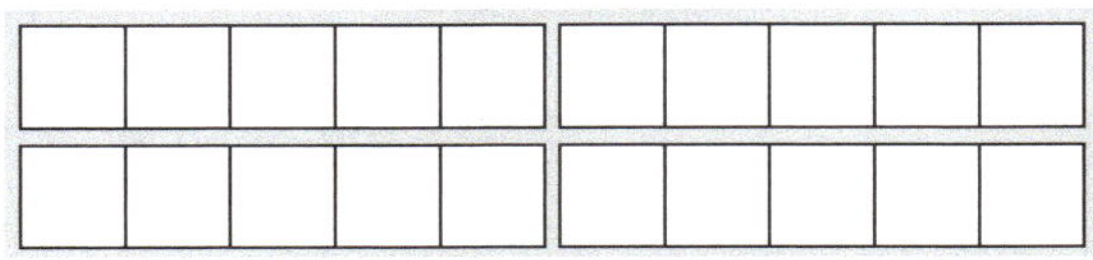

10 + 7 = ☐

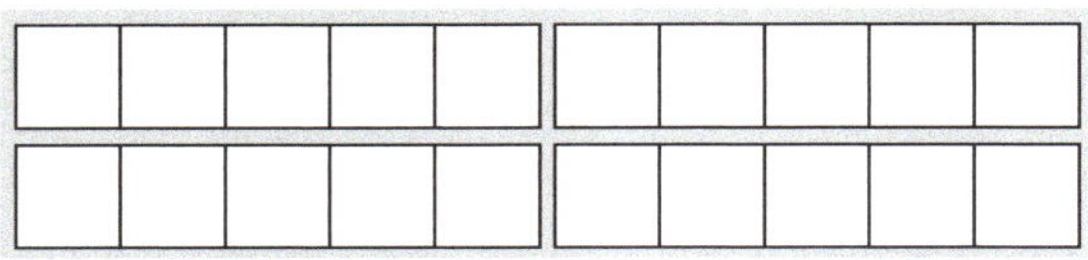

10 + 6 = ☐

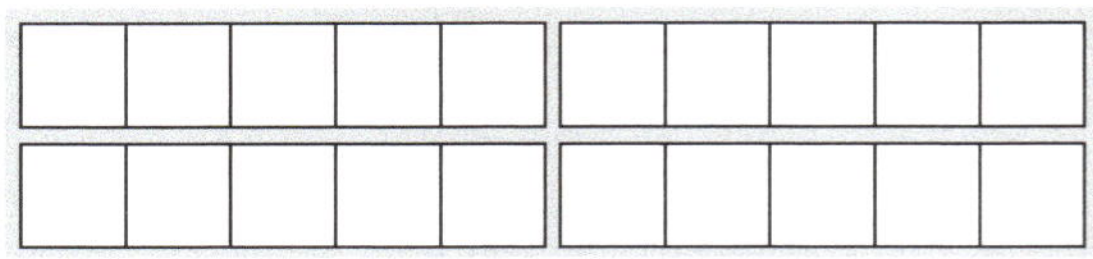

10 + 9 = ☐

3

10 + 5 = ☐	10 + 10 = ☐	☐ + 10 = 14
10 + 8 = ☐	10 + 9 = ☐	10 + ☐ = 17
1 + 10 = ☐	10 + ☐ = ☐	☐ + 10 = 16
3 + 10 = ☐	☐ + ☐ = ☐	10 + ☐ = 19

Didaktische Information
Additionsaufgaben bis 20 im Zwanzigerfeld darstellen; D Kinder können die Mengen zuerst im Zwanzigerfeld legen (Kartonbeilage); Flexibles Legen möglich

Sprechen
10 plus 5 gleich 15.
! Die Betonung der beiden Summanden und des Ergebnisses kann den Aufbau der Zahlen verdeutlichen

► D 69/70
► KV 65

④

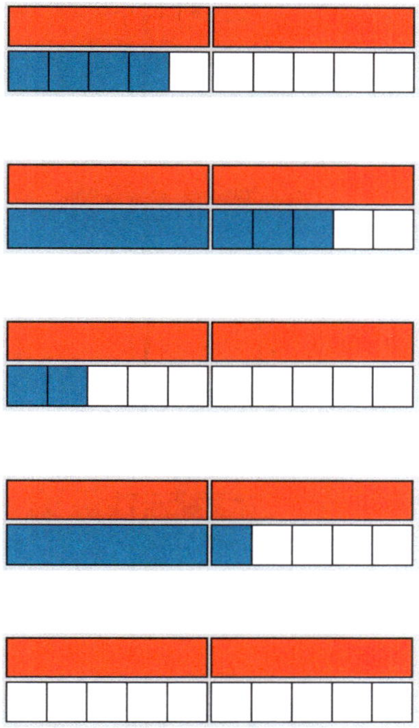

10 + 4

10 + 8

10 + 6

10 + 0

10 + 2

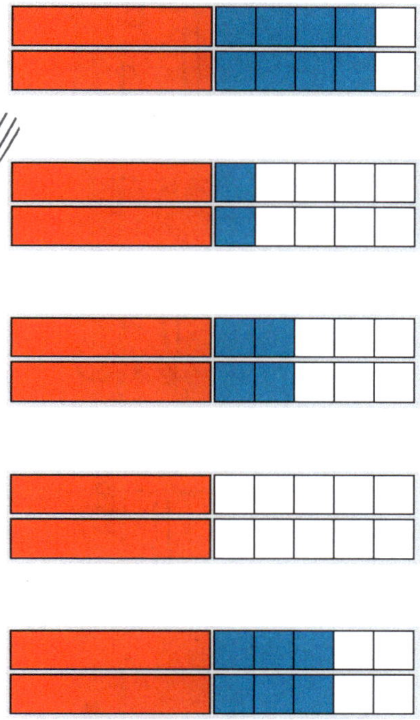

⑤

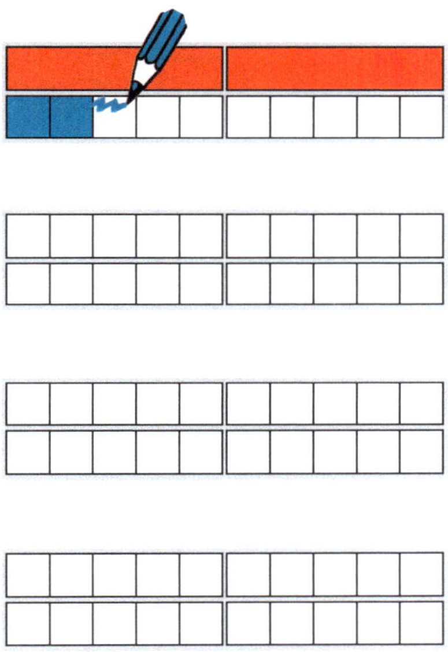

10 + 3 =

10 + 7 =

10 + 5 =

10 + 9 =

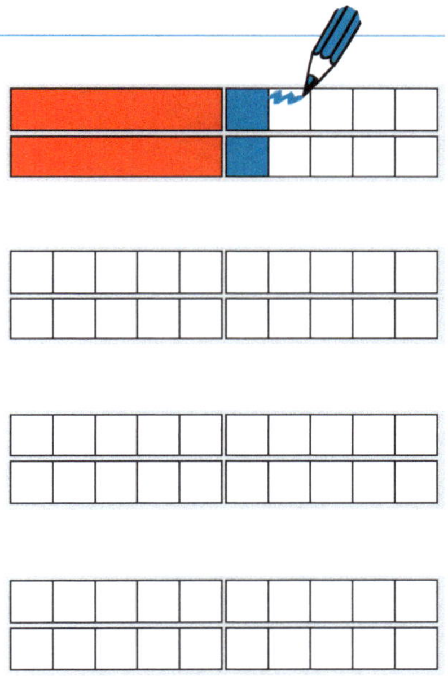

Didaktische Information
Flexible Darstellung von Zahlen im Zwanzigerfeld; Partnerkurs zum Automatisieren der Aufgaben mit der 10 als einem Summanden

Zahlenreihe

vor
nach

①

②

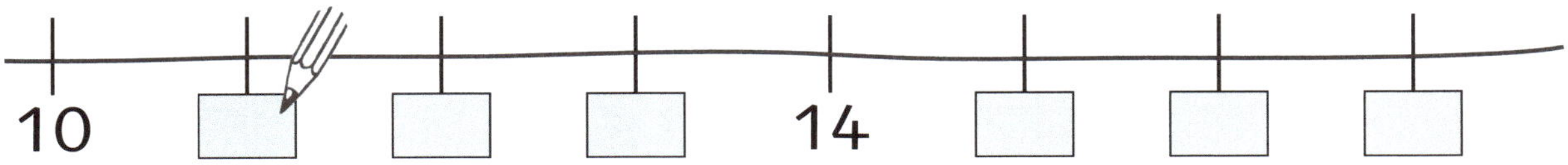

③

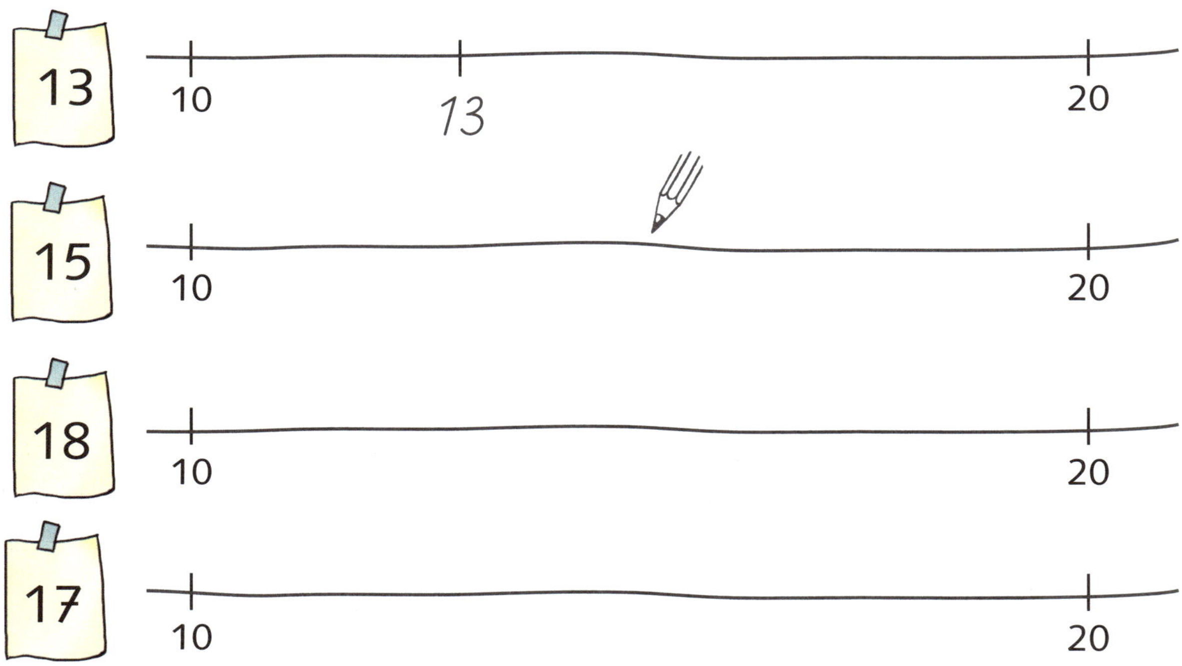

Didaktische Information
Zahlenketten vervollständigen; **D** Zahlenketten im Klassenraum anbieten, Karten zwischen 0 und 20 abhängen, vertauschen oder umdrehen; Karte ziehen und den richtigen Platz bestimmen

Sprechen
12 kommt vor 13. 14 kommt nach 13.
! Artikel wegen des Kasuswechsels nur in der sprachlichen Differenzierung benennen (vor <u>der</u> 13/<u>die</u> 13)

▸D 71/72
▸KV 66

4

13	14	15	3			10		12
16		18			19	12		14
2		4	6			14		16
11		13			17			
18		20	9					

Sprechen
17 ist zwischen 16 und 18.
! Artikel wegen des Kasuswechsels nur in der sprachlichen Differenzierung benennen

Didaktische Information
D Zahlenkarten mit Zwanzigerfeld auf der Rückseite (Kartonbeilage) oder selbsterstellte ohne Zwanzigerfeld verwenden; Zahlenraum variieren oder Ausschnitte wählen

Vorgänger und Nachfolger

der Vorgänger
der Nachfolger
die Nachbarzahlen

1

2

☐	14	☐	☐	11	☐	☐	☐	☐
☐	10	☐	☐	19	☐	☐	☐	☐
☐	16	☐	☐	12	☐	☐	☐	☐

Didaktische Information
Begriffe Vorgänger und Nachfolger sind zwar bekannt, sollten aber dennoch zunächst handlungsbegleitend auf den größeren Zahlenraum übertragen werden

Sprechen
14 ist der Vorgänger von 15. 16 ist der Nachfolger von 15.
! Artikel wegen des Kasuswechsels nur in der sprachlichen Differenzierung benennen
! Beim Vorgänger geht man eigentlich zurück

▸D 73/74
▸KV 67

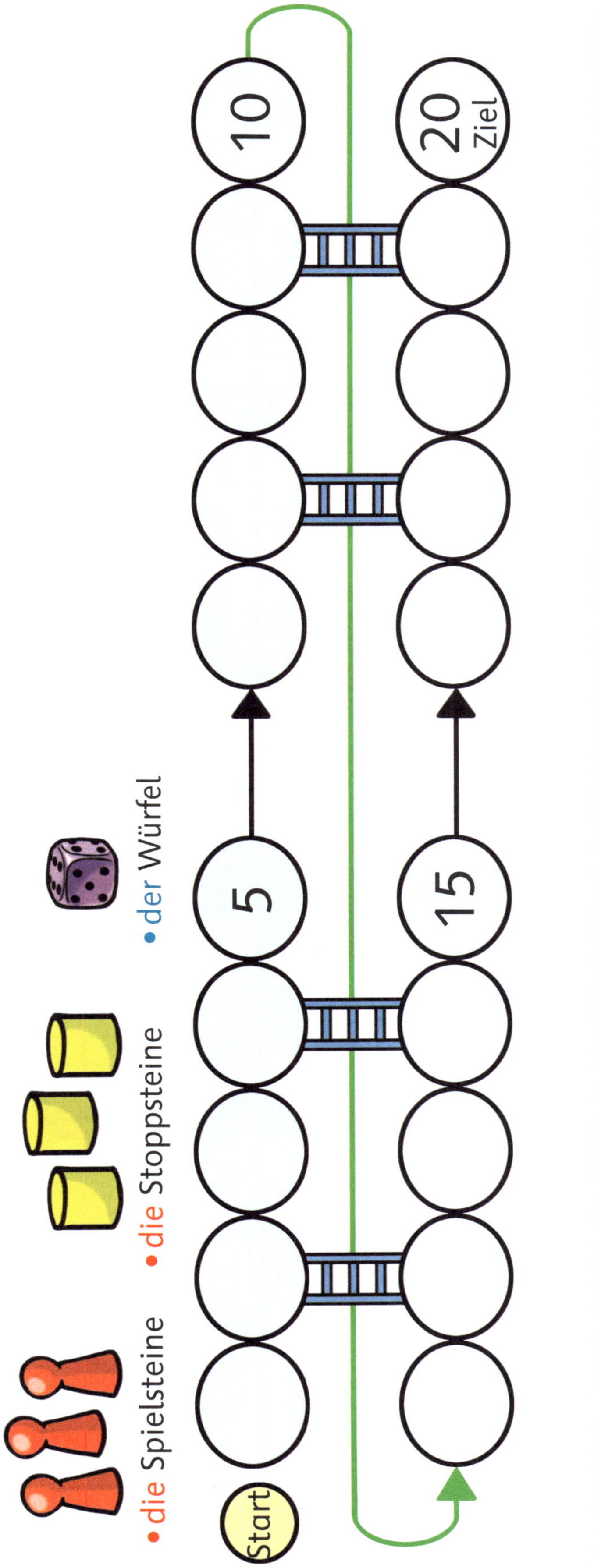

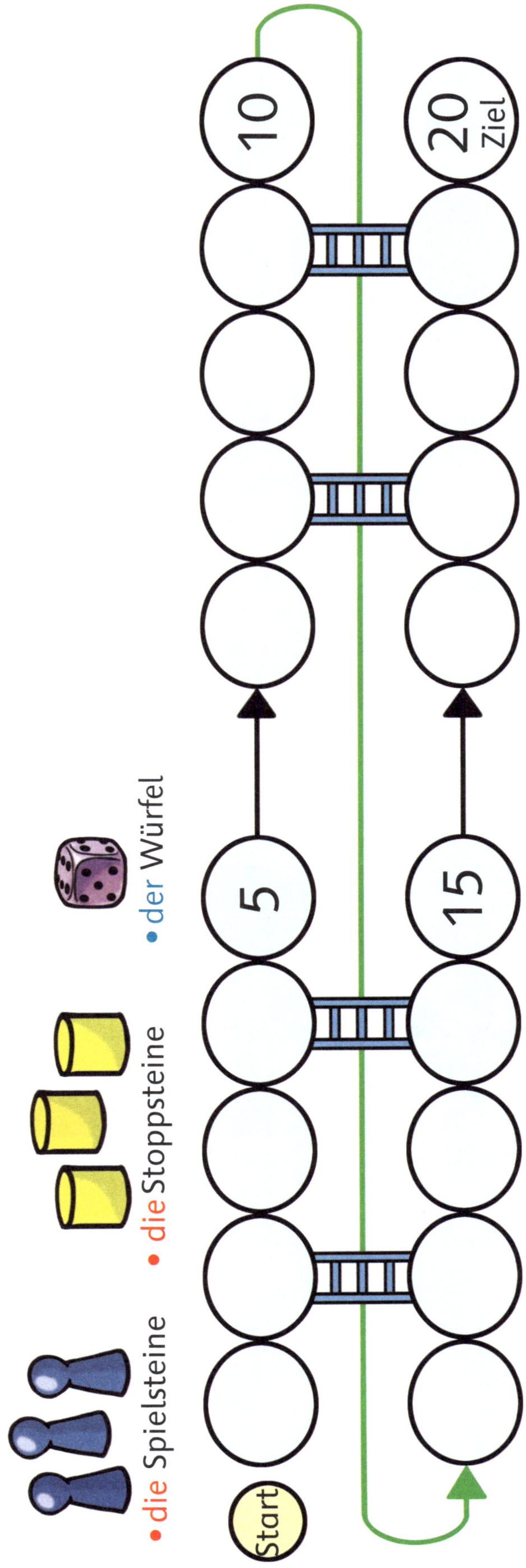

▸ KV 68

Spielanleitung
Spielidee: 3 Stoppsteine auf dem Spielplan des Partners setzen; wer auf einen Stoppstein kommt muss Vorgänger, Nachfolger und die Zahl darunter nennen; bei falscher Antwort, Wiederholung beim nächsten Zug; bei korrekter Antwort darf der Stoppstein auf den Spielplan des Partners gesetzt werden; Weitergehen erfolgt erst im nächsten Zug ! Spielregeln schrittweise modellhaft einführen; auf Einhaltung der Sprachmuster von S. 16 achten

Zahlen vergleichen

ist kleiner als
ist gleich
ist größer als

12 [<] 15
ist kleiner als

13 [=] 13
ist gleich

14 [>] 13
ist größer als

①

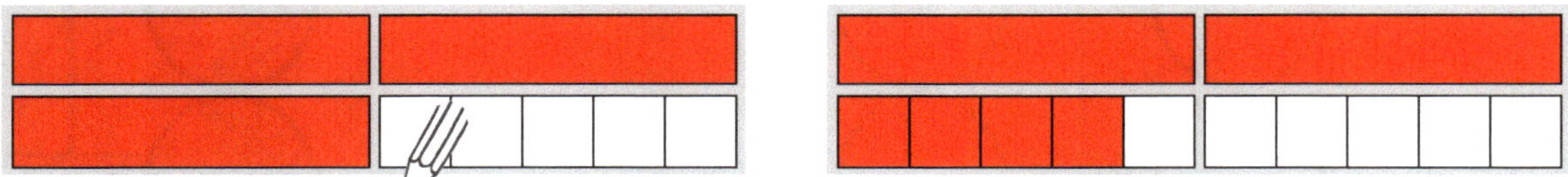

☐ ○ ☐

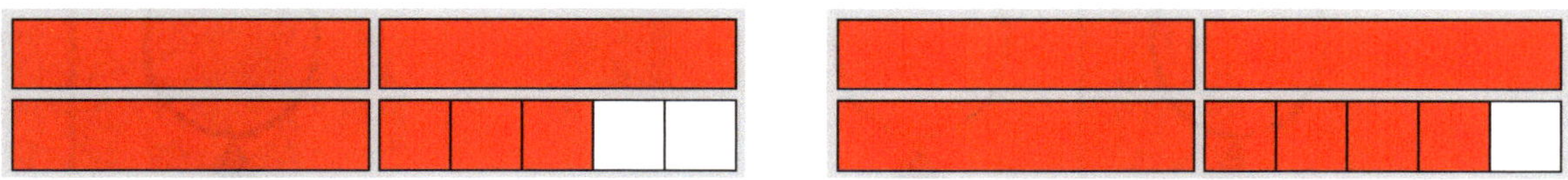

☐ ○ ☐

②

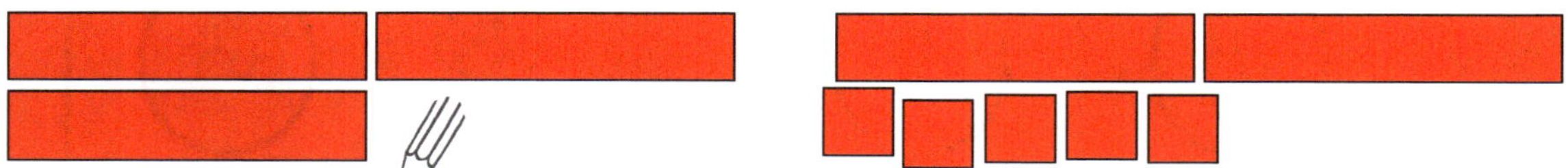

☐ ○ ☐

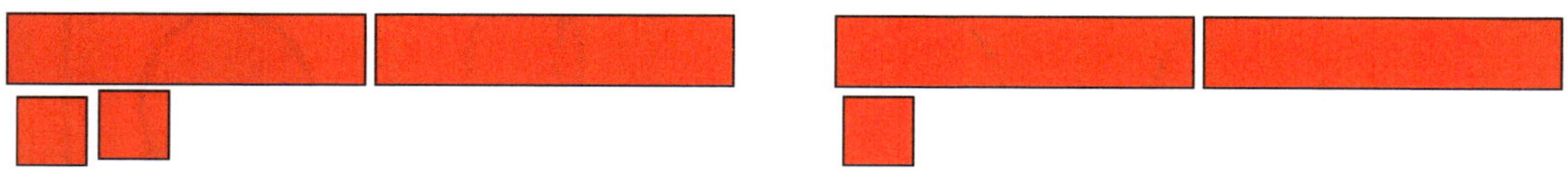

☐ ○ ☐

③

17 ○ 14 | ☐ < ☐ | ☐ ○ ☐

13 ○ 16 | ☐ = ☐ | ☐ ○ ☐

15 ○ 15 | ☐ > ☐ | ☐ ○ ☐

Didaktische Information
Wiederholung der Fachbegriffe im größeren Zahlenraum; D Kinder können die Mengen zuerst im Zwanzigerfeld legen (Kartonbeilage)

Sprechen
12 ist kleiner als 15.
13 ist gleich 13.
14 ist größer als 13.

▸D 75/76
▸KV 69/70

Zahlenmuster

①

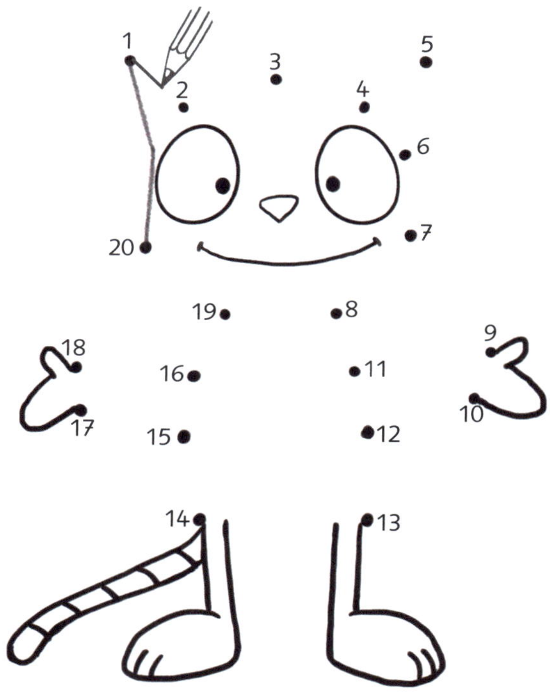

②

1	2	3	4								12
9	10	11	12								20
20	19	18									9

③

0	2	4	6							
1	3	5	7							

11	12	13									13

▸ D 77/78
▸ KV 71

Didaktische Information
Zahlenmuster erkennen und fortführen;
D Eigene Zahlenmuster erfinden und in ein Lerntagebuch schreiben

Gerade und ungerade Zahlen

①

12

11

8

17

5

14

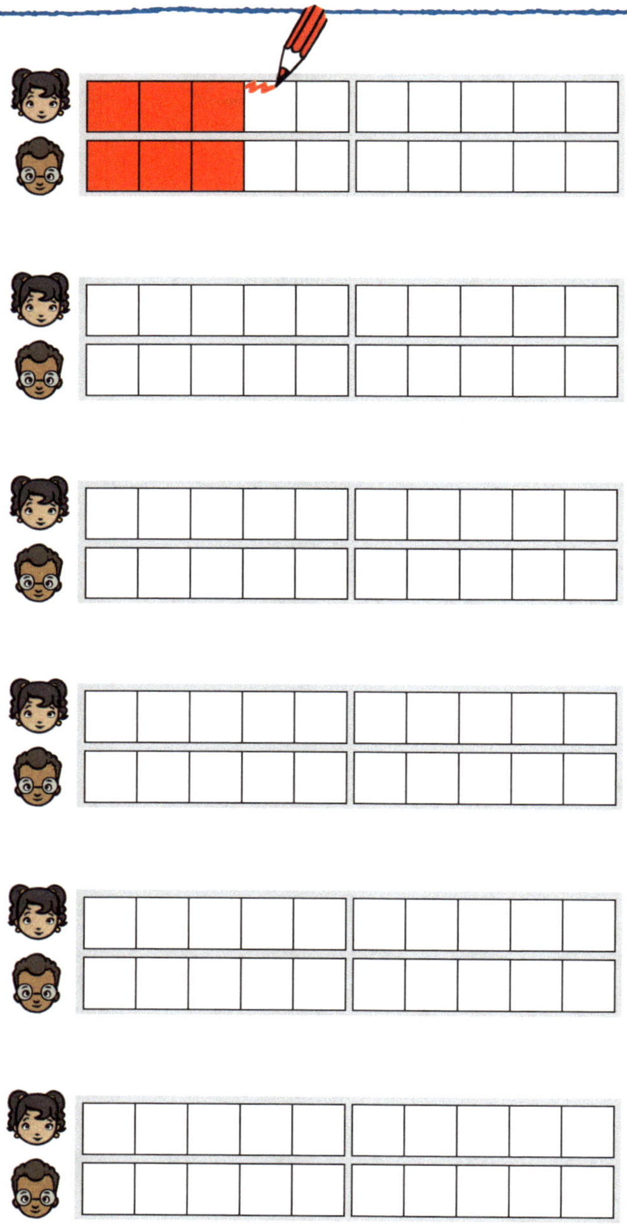

Didaktische Information
Verteilung als handlungsorientierte Übung knüpft an Alltagserfahrungen an; Hinführung zu den Fachbegriffen; D Schüler können Vermutungen aufstellen, was gerecht verteilt werden kann

Sprechen
Kannst du … gerecht aufteilen/verteilen?
Mit den Begriffen gerecht und ungerecht an die Alltagssprache der Kinder anknüpfen; Fachbegriffe erst auf S. 21 verwenden

► KV 72

②

③

11	13	15	17	19
12	14	16	18	20

Sprechen
Die Zahl 4 ist (eine) gerade (Zahl). Die Zahl 5 ist (eine) ungerade (Zahl). ! Begriffe schief oder schräg vermeiden ! Wortbedeutung: 1 ist doch eine sehr gerade Zahl

Didaktische Information
Die Einteilung der Zahlen in gerade und ungerade mit Hilfe der Anordnung auf dem Zwanzigerfeld und der eingezeichneten Linie erkennen; D Nur im Zahlenraum bis 10 arbeiten oder über 20

Das kann ich schon

1 S. 12

10 + ☐ = ☐   ☐ + ☐ = ☐

10 + 3 = ☐   10 + 6 = ☐

2 S. 12

10 + 4 = ☐	10 + ☐ = 14	☐ + 10 = 20
10 + 9 = ☐	10 + ☐ = 17	☐ + 10 = 10
2 + 10 = ☐	10 + ☐ = 18	☐ + 10 = 15

3 S. 16

☐ 6 ☐	☐ 5 ☐	☐ 8 ☐
☐ 17 ☐	☐ 19 ☐	☐ 12 ☐
☐ 13 ☐	☐ 14 ☐	☐ 11 ☐

4 S. 18

12 ◯ 15	11 ◯ 7	14 < ☐
7 ◯ 6	9 ◯ 19	10 = ☐
19 ◯ 18	16 ◯ 16	12 > ☐

5 S. 19

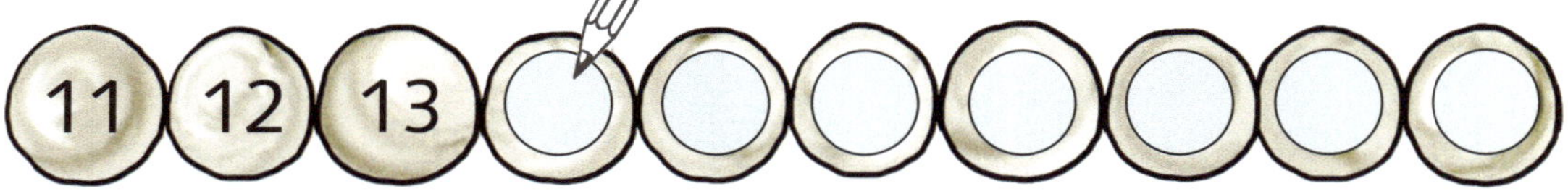

Didaktische Information
Aufgaben zur Selbstüberprüfung und Selbsteinschätzung, zunächst noch stark durch die Lehrkraft gesteuert – später zunehmend als Selbstkontrolle/Selbsteinschätzung

①

17 > ★	20 > ◆	● < 19
★ < 12	◆ > 16	10 > ●
10 < ★	18 > ◆	● > 8
★ = ☐	◆ = ☐	● = ☐

● < ★ < ◆

☐ < ☐ < ☐

②

1, 4, 7, ◯, ◯, ◯, ◯

20, 19, 18, ◯, ◯, ◯, ◯, ◯, ◯, ◯, ◯, 18

23, 22, 20, 19, 17, 16, ◯, ◯, ◯, ◯, ◯, 7

◯, ◯, ◯, ◯, ◯, ◯, ◯, ◯, ◯, ◯, ◯, ◯

③ gerade Zahlen — ungerade Zahlen

20 ☐ 30 ☐ 27 21 23 ☐ 24

Didaktische Information
Anregungen zum Ausprobieren, Knobeln, Forschen und Entdecken mit Anforderungen, die über die der vorherigen Seiten hinausgehen;

D Eigene Aufgaben erfinden und in ein Lerntagebuch schreiben

Spiegeln

der Spiegel
das Spiegelbild

Didaktische Information
Gesprächsanlässe zu Vorerfahrungen mit Spiegelungen und Spiegelbildern; Das freie Beschreiben und Erzählen ermuntern

Sprechen
Durch Nachfragen zu genaueren Beschreibungen des Phänomens der Spiegelung anregen

▸ D 79/80

die Spiegelachse

1

2

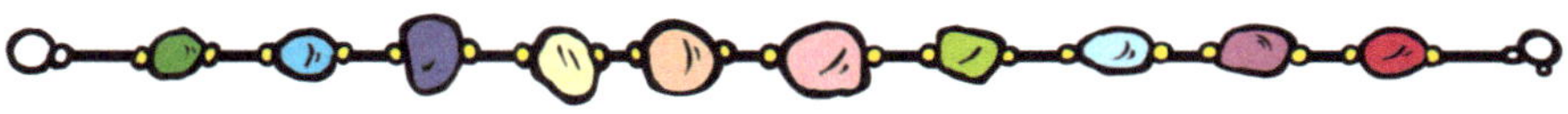

Sprechen
Erfahrungen frei beschreiben lassen, z. B. … *ist kurz / lang, im Spiegel*

Didaktische Information
Experimentieren mit dem Spiegel; D Gezielte Spiegelaufträge; D Eigene Spiegelfiguren erfinden und auf ein Plakat malen oder in ein Lerntagebuch eintragen

Spiegeln

①

der Spiegel
das Spiegelbild
die Spiegelachse

②

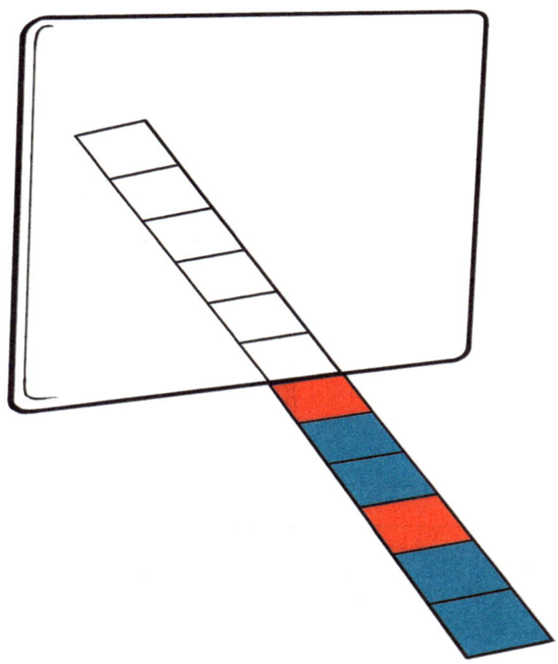

Didaktische Information
Mit Kartonbeilagen (geometrische Formen und Plättchen) symmetrisch ergänzen, mit einem Spiegel kontrollieren; dann zeichnen;
D Eine Hilfe bieten halbdurchsichtige Spiegel

Sprechen
Ich male das Spiegelbild.
Ich stelle den Spiegel auf die Spiegelachse.

► D 79/80
► KV 74

das Dreieck
das Quadrat
das Rechteck
das Viereck

①

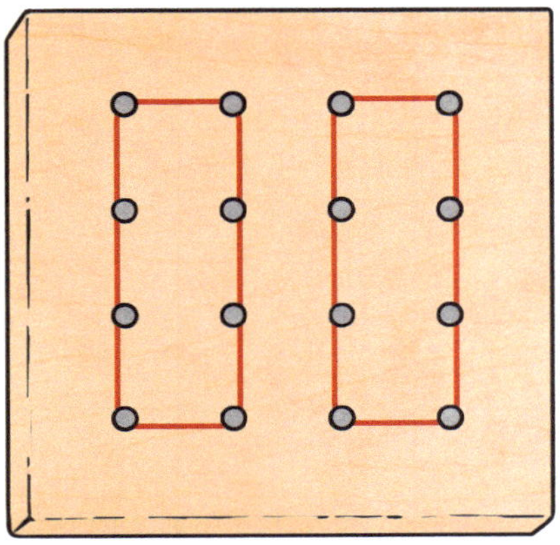

Ich sehe ☐ Rechtecke.

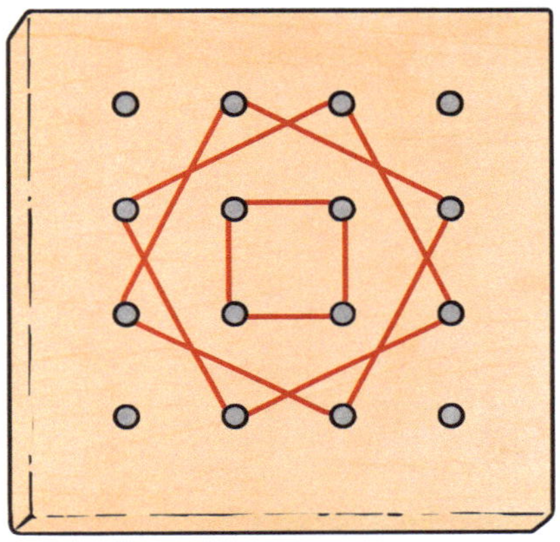

Ich sehe ☐ Quadrate.

②

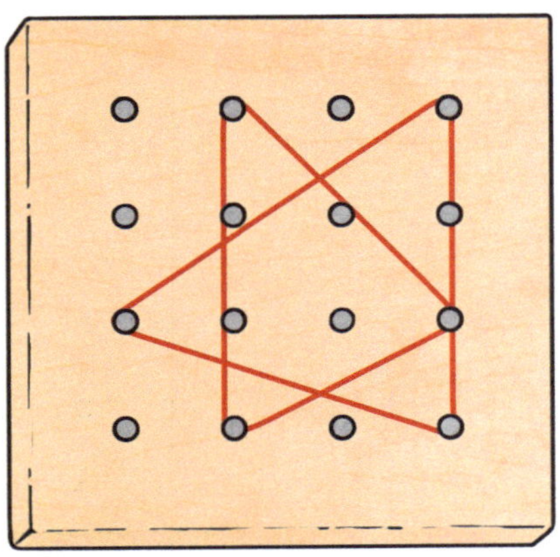

Ich sehe ☐ Dreiecke.

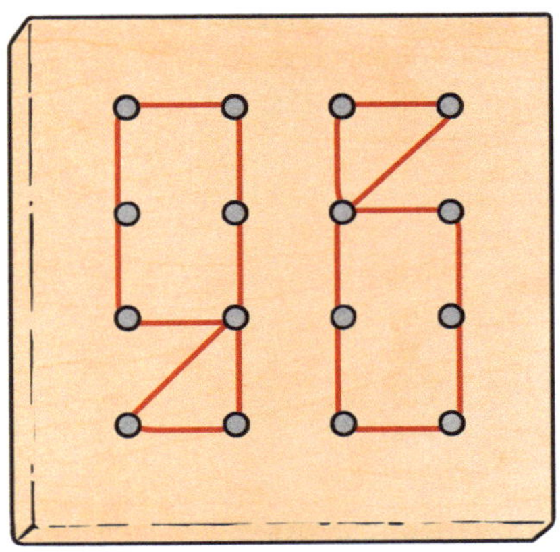

Ich sehe ☐ Rechtecke.
Ich sehe ☐ Dreiecke.

►D 81/82
►KV 75/76

Sprechen
Ich spanne …
Ich brauche zwei Gummibänder.

Didaktische Information
Freies Spannen auf dem Geobrett; Wiederholung bekannten Grundformen und Aufgaben zur Figur-Grund-Wahrnehmung

Geobrett

die Ecke

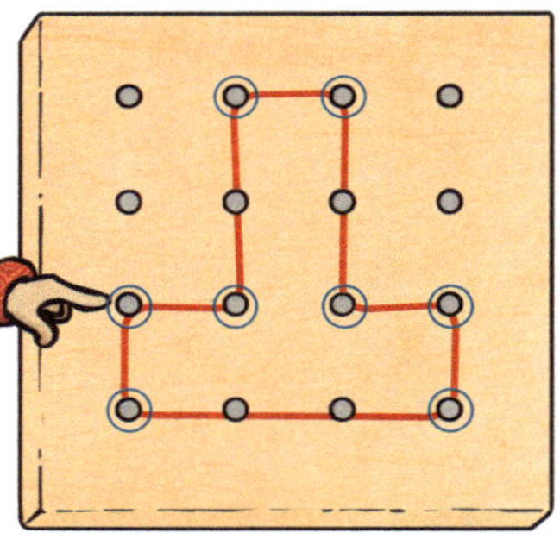

8 Ecken

①

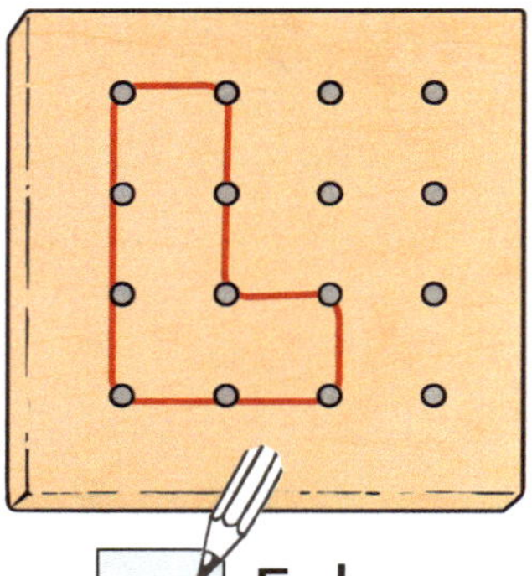

☐ Ecken

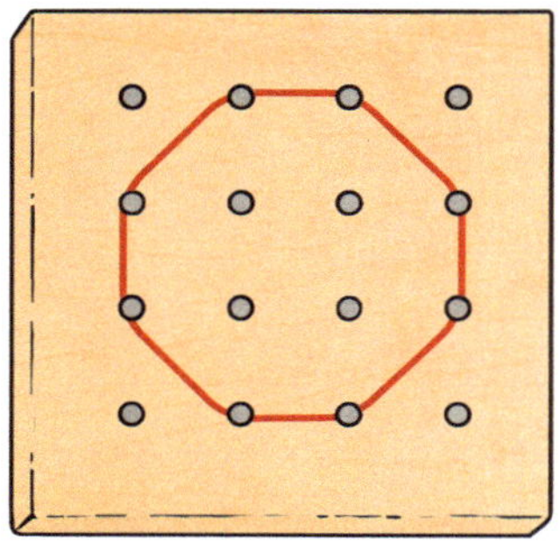

☐ Ecken

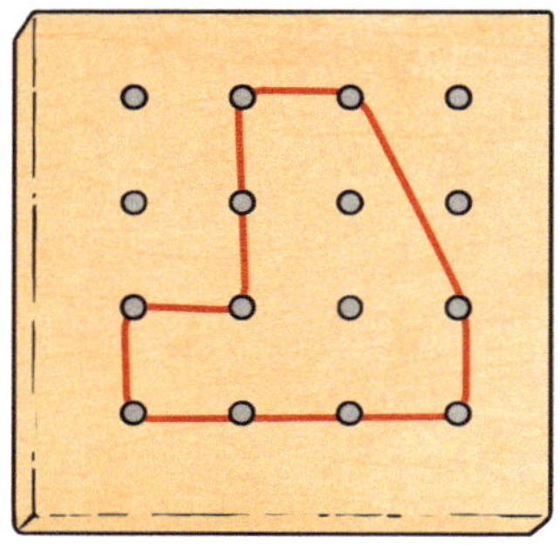

☐ Ecken

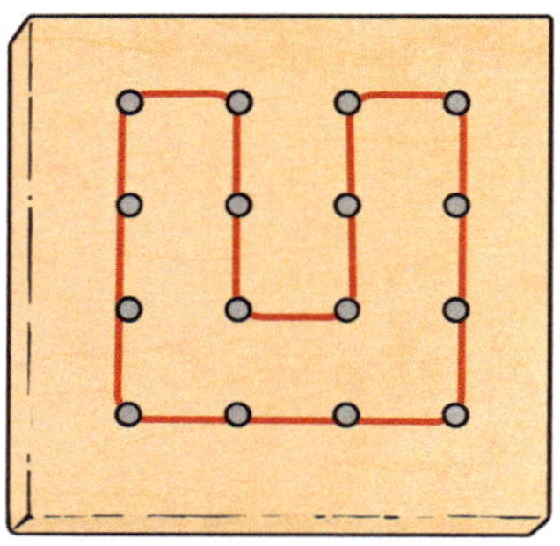

☐ Ecken

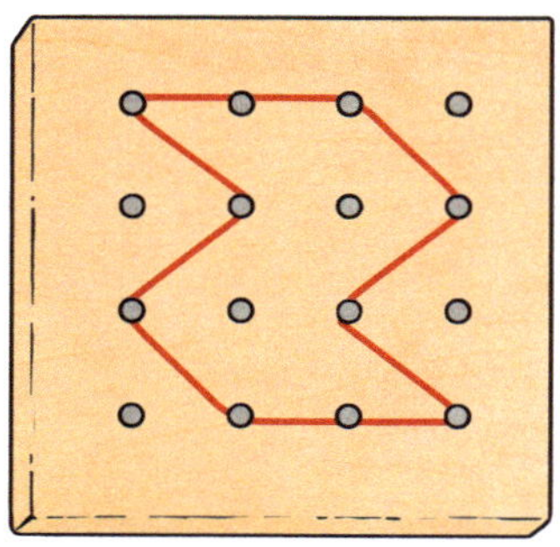

☐ Ecken

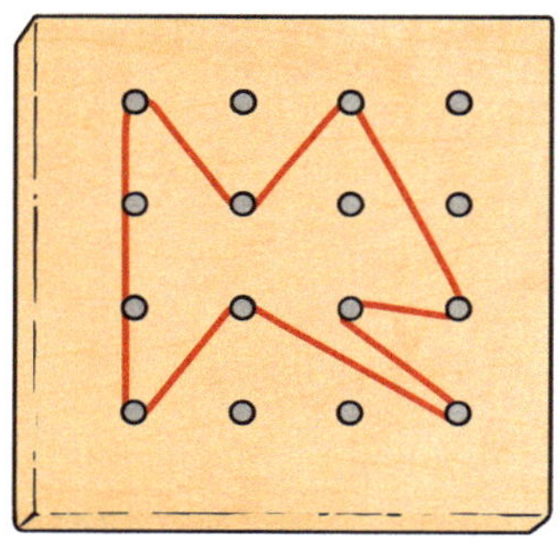

☐ Ecken

②

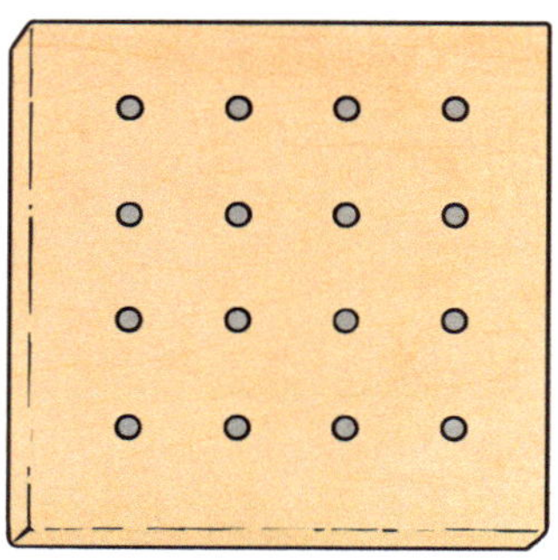

5 Ecken

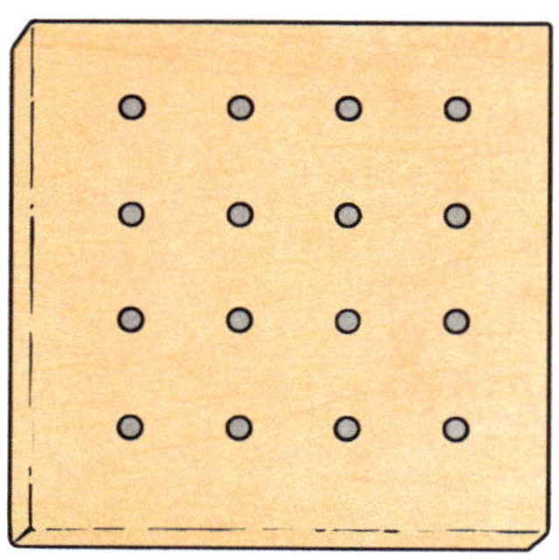

10 Ecken

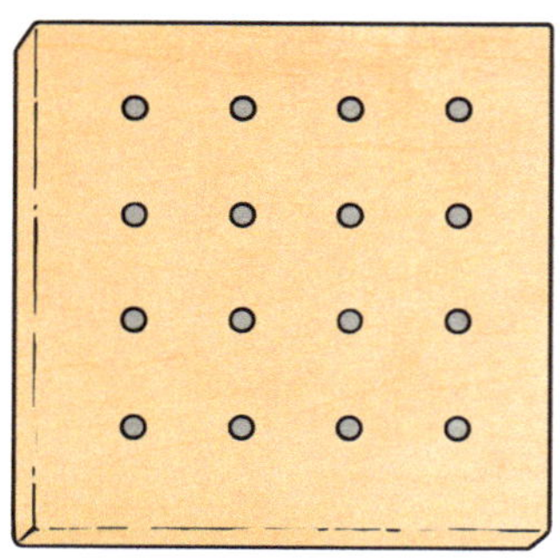

12 Ecken

Didaktische Information
Erkennen und Zählen von Ecken (konvexer und konkaver); Problemaufgaben zum Anregen systematischen Probierens

Sprechen
Die Figur hat 5 Ecken.
D *Eine Figur mit 5 Ecken ist ein Fünfeck.*

▸D 81/82

3

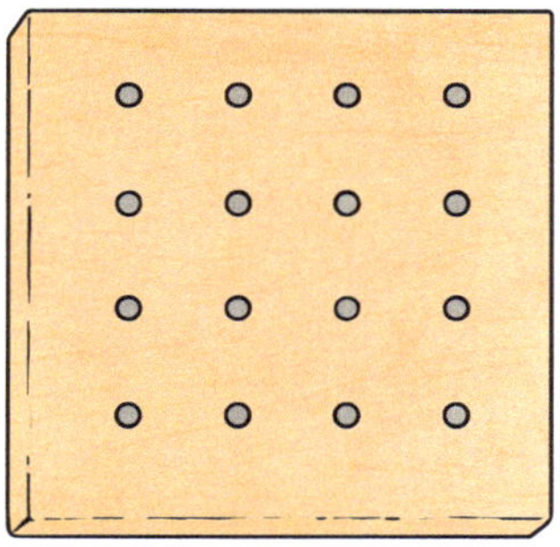

ein Viereck

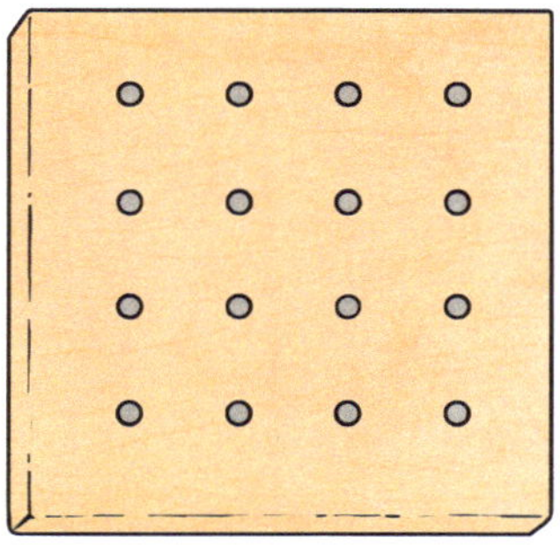

ein Viereck

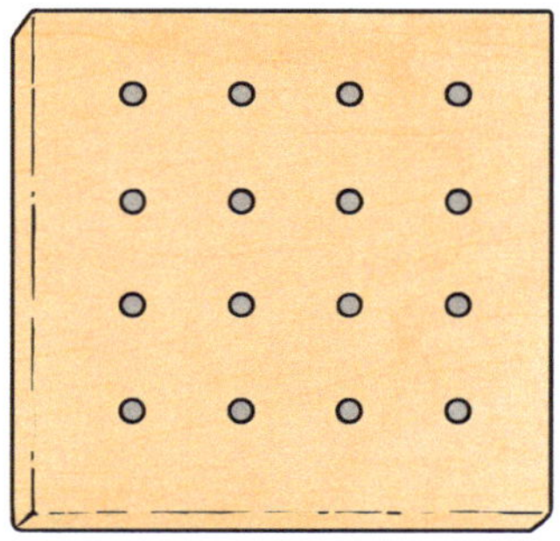

ein Viereck

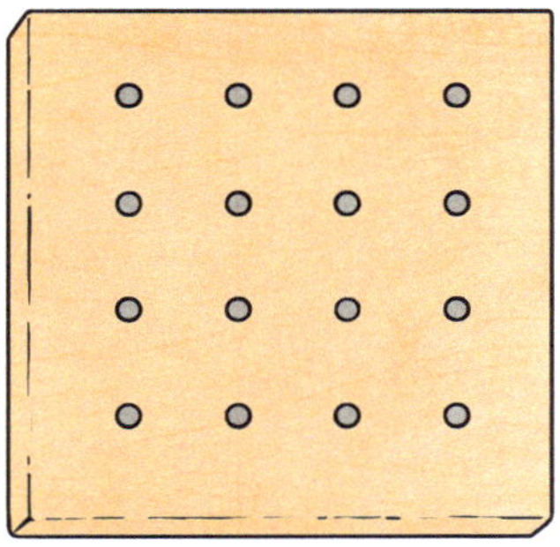

ein Rechteck

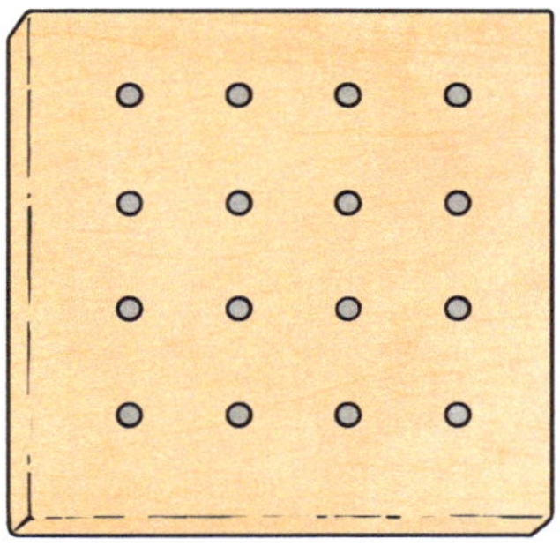

ein langes Rechteck

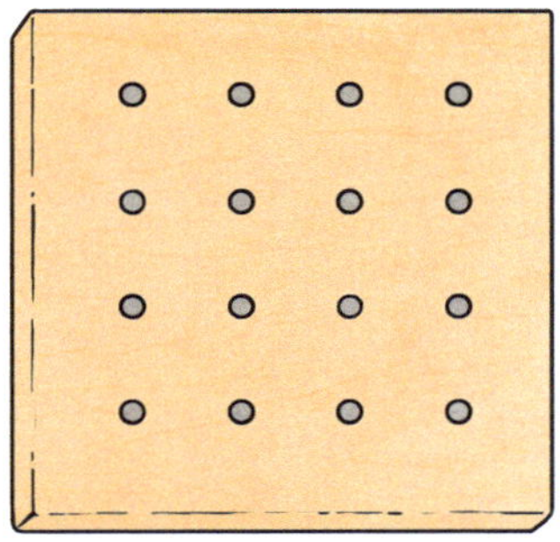

ein kurzes Rechteck

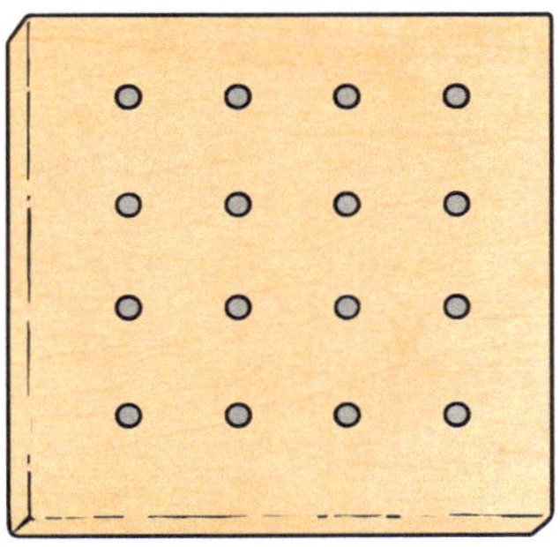

ein Quadrat

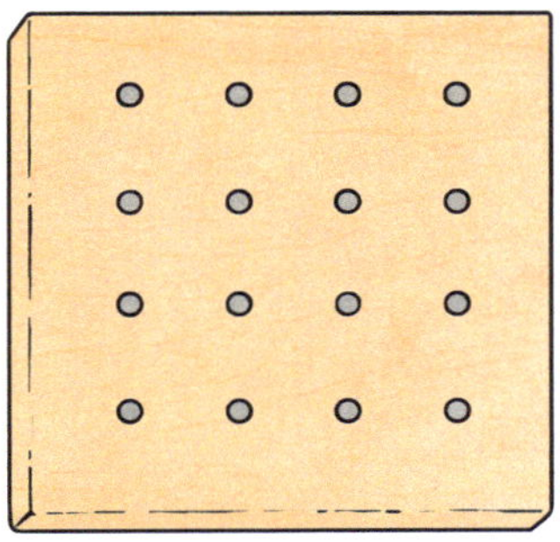

das größte Quadrat

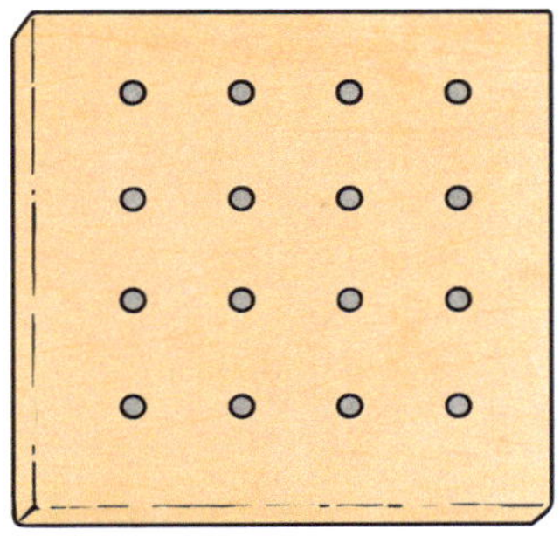

das kleinste Quadrat

4

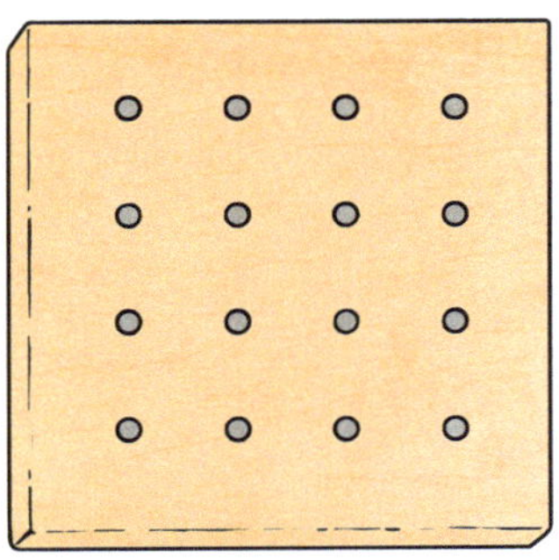

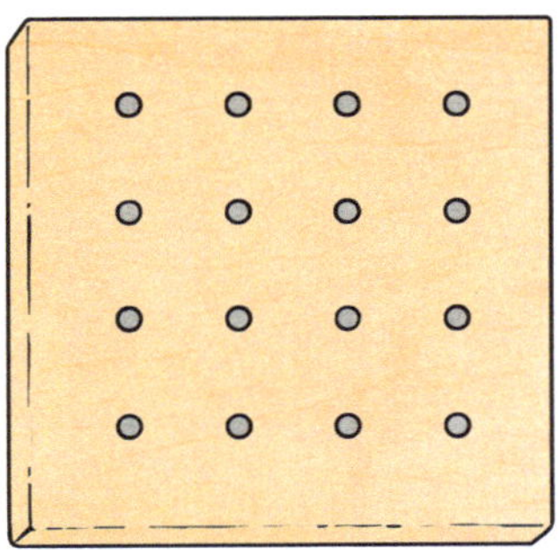

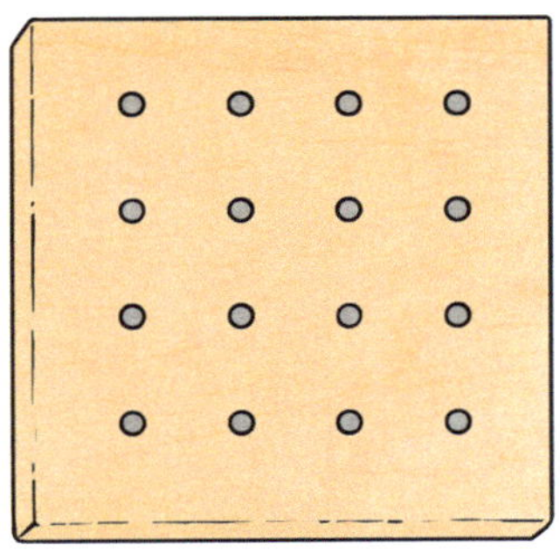

▸D 81/82

Sprechen
Das Rechteck hat zwei lange Seiten und zwei kurze Seiten.
Das Quadrat hat vier gleich lange Seiten.
Das Viereck hat vier Ecken.

Didaktische Information
Verschiedene Rechtecke, Quadrate und andere Vierecke spannen, um wesentliche Eigenschaften dieser Grundformen zu erkennen

Das kann ich schon

①

S. 26

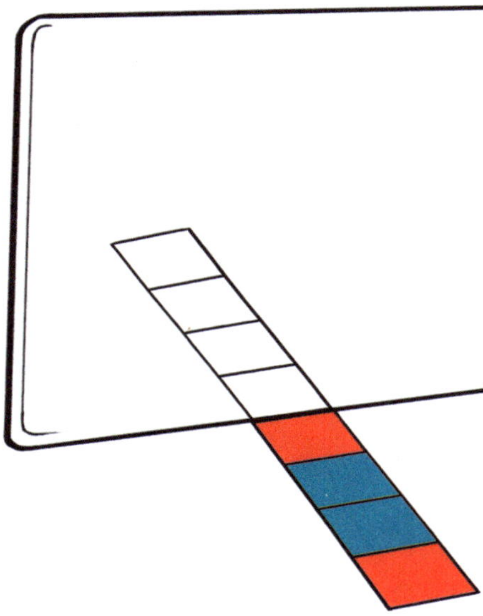

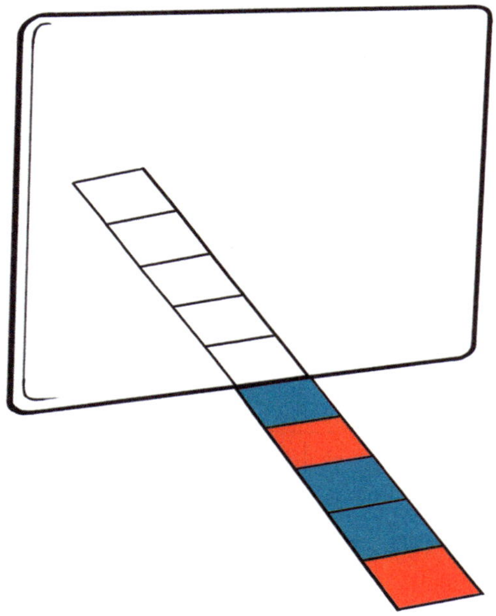

②

S. 28

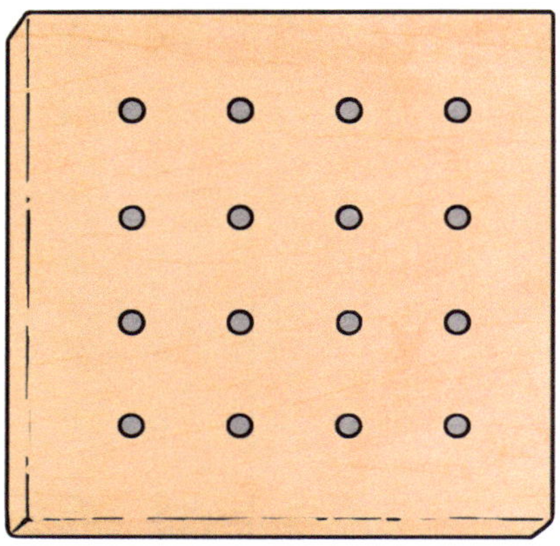

6 Ecken

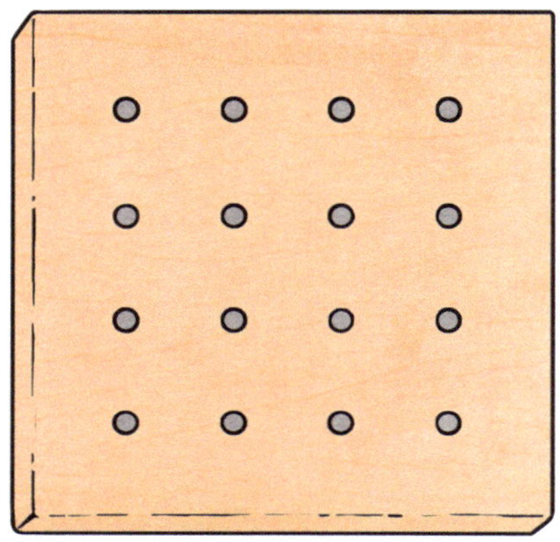

8 Ecken

③

S. 29

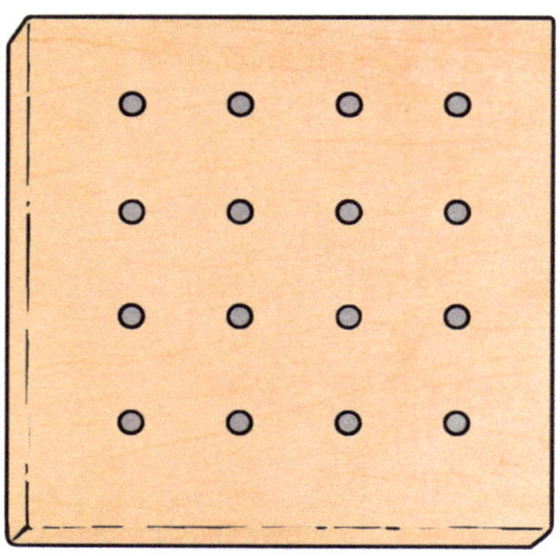

ein Rechteck

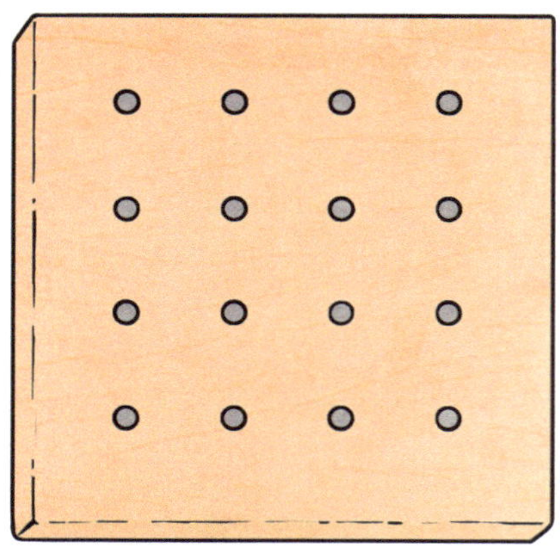

ein Quadrat

Didaktische Information
Aufgaben zur Selbstüberprüfung und Selbsteinschätzung, zunächst noch stark durch die Lehrkraft gesteuert – später zunehmend als Selbstkontrolle/Selbsteinschätzung

1

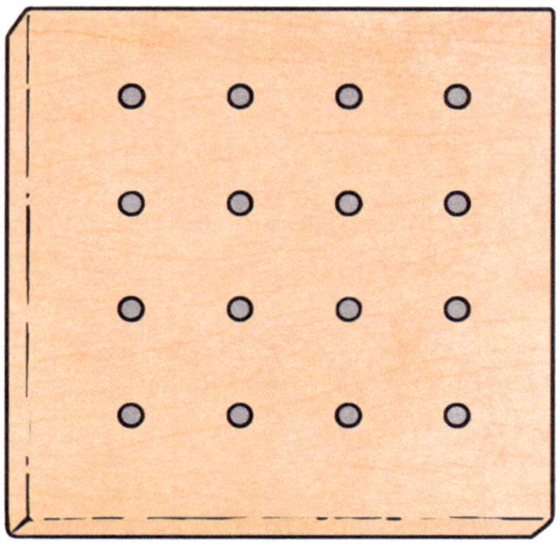

14 Ecken

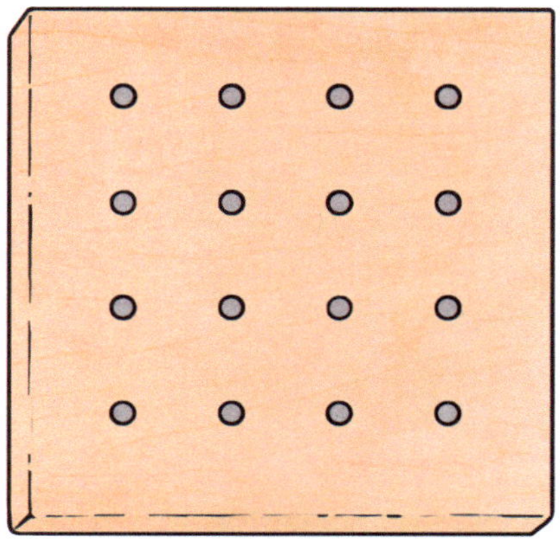

16 Ecken

2 Kannst du eine Figur mit 18 Ecken spannen?

Ja? Zeichne:

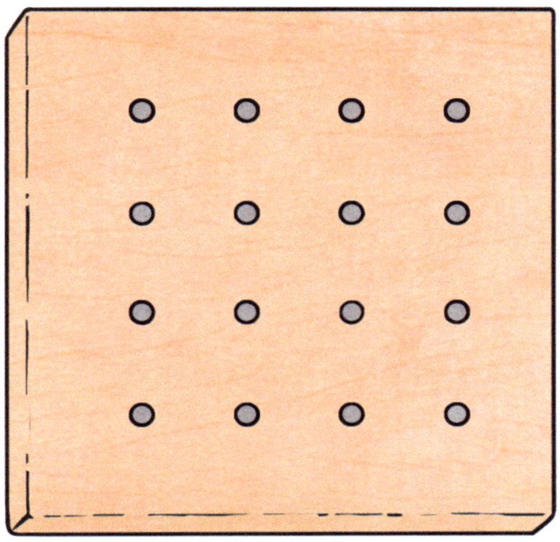

Nein? Warum nicht?

Didaktische Information
Anregungen zum Ausprobieren, Knobeln, Forschen und Entdecken mit Anforderungen, die über die der vorherigen Seiten hinausgehen

Kleine und große Aufgaben

die kleine Aufgabe
die große Aufgabe

13 + 4

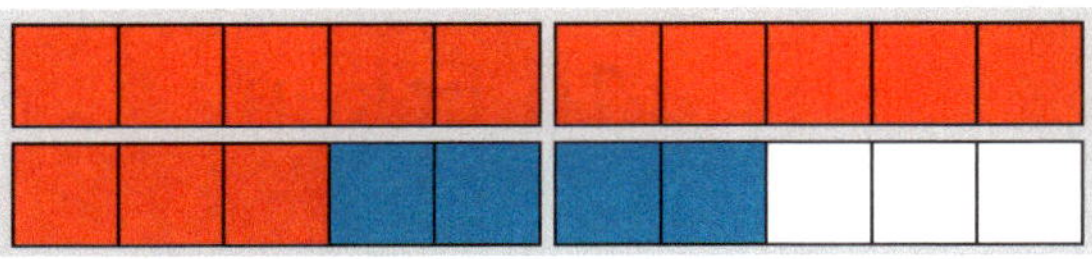

13 + 4 = 17

3 + 4 = 7

1

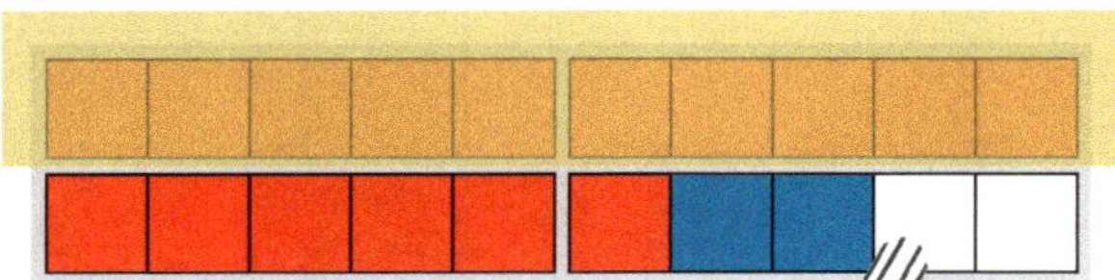

6 + 2 = ☐

16 + 2 = ☐

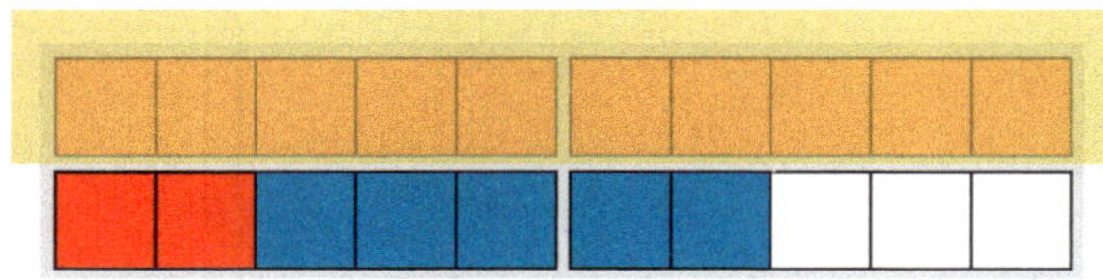

2 + 5 = ☐

12 + 5 = ☐

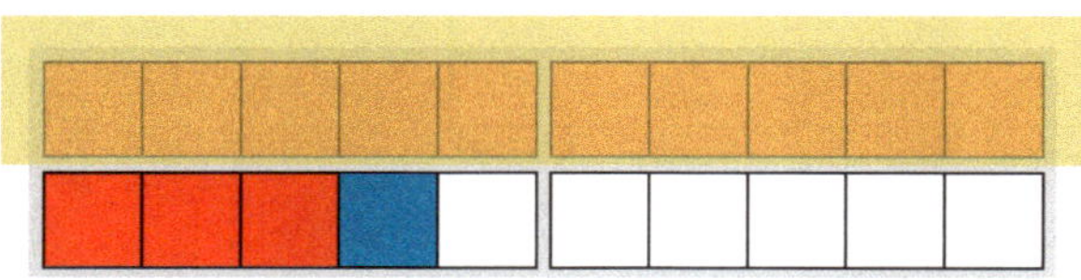

☐ + 1 = ☐

13 + 1 = ☐

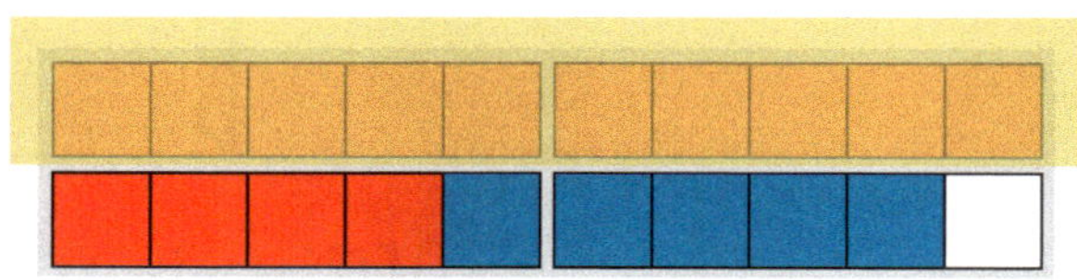

☐ + 5 = ☐

14 + 5 = ☐

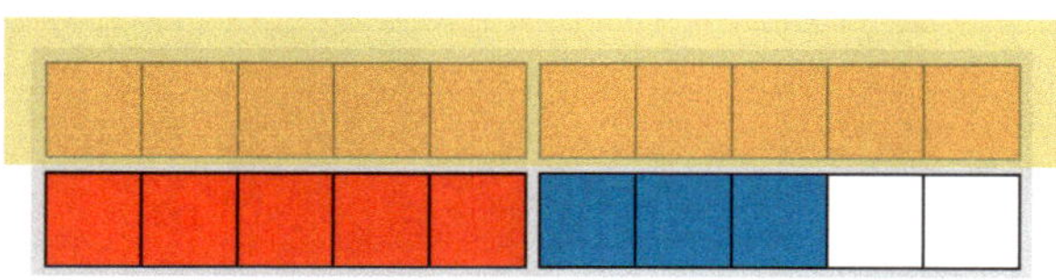

☐ + ☐ = ☐

15 + 3 = ☐

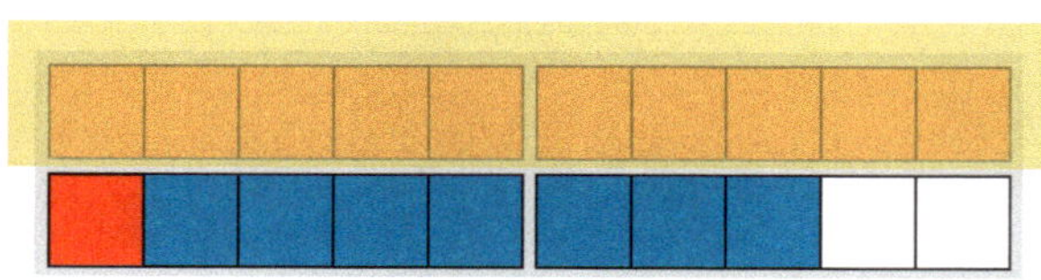

☐ + ☐ = ☐

11 + 7 = ☐

Didaktische Information
Zum Abdecken des Zehners eignet sich Transparentpapier; Zusammenhang zwischen kleiner und großer Aufgabe thematisieren; Zuerst die kleine, dann die große Aufgabe

Sprechen
3 plus 4 gleich 7.

▸D 83/84
▸KV 78

2

$7 + 2 = \square$	$4 + 3 = \square$	$1 + 7 = \square$
$17 + 2 = \square$	$14 + 3 = \square$	$11 + 7 = \square$
$\square + 1 = \square$	$\square + 8 = \square$	$\square + 6 = \square$
$16 + 1 = \square$	$11 + 8 = \square$	$13 + 6 = \square$
$\square + \square = \square$	$\square + \square = \square$	$\square + \square = \square$
$15 + 4 = \square$	$12 + 3 = \square$	$18 + 1 = \square$

3

$0 + 2 = \square$	$0 + 6 = \square$	$0 + 9 = \square$
$10 + 2 = \square$	$10 + 6 = \square$	$10 + 9 = \square$
$0 + 10 = \square$	$4 + 0 = \square$	$7 + 3 = \square$
$10 + 10 = \square$	$14 + 0 = \square$	$17 + 3 = \square$

▸ KV 78

Sprechen
Ich finde zuerst die kleine Aufgabe. Ich rechne die kleine Aufgabe, dann die große Aufgabe.
7 plus 2 gleich 9, also ist 17 plus 2 gleich 19.

Didaktische Information
3 und 13 sind genauso „verwandt" wie 10 und 20 – mit den Kindern thematisieren; D Kinder können die Aufgaben zuerst im Zwanzigerfeld legen (Kartonbeilage)

Verdoppelungsaufgaben

1

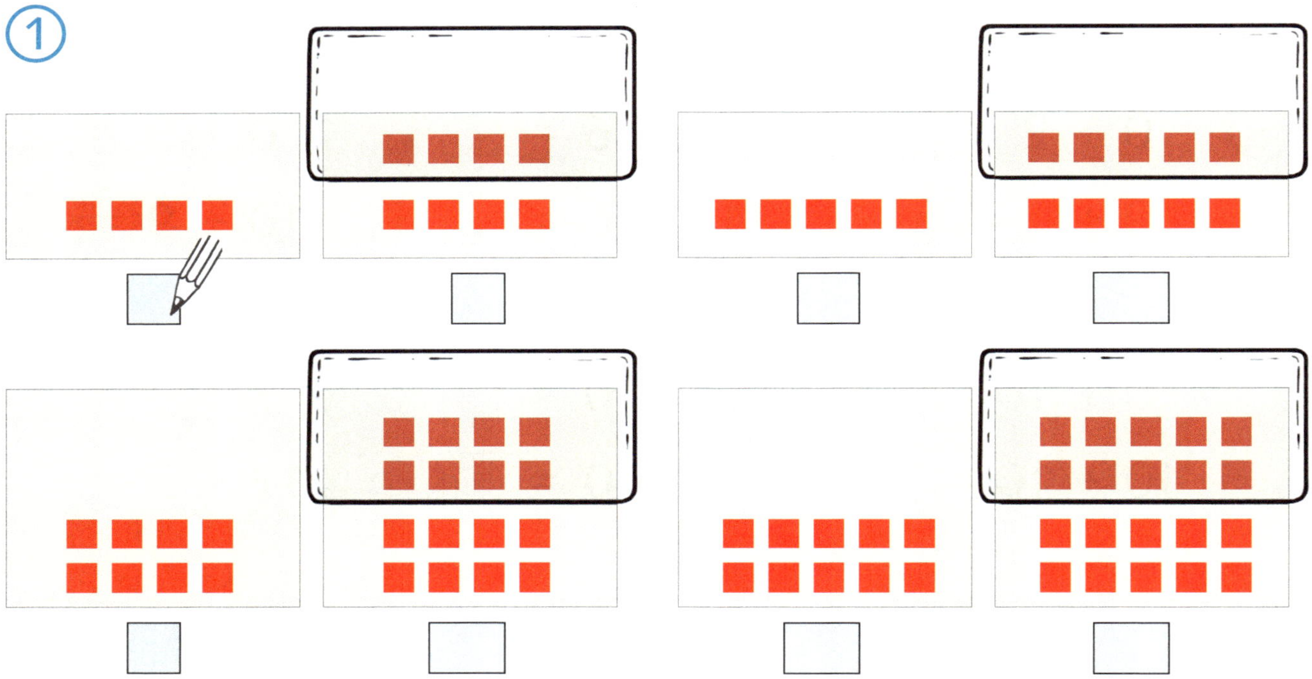

2

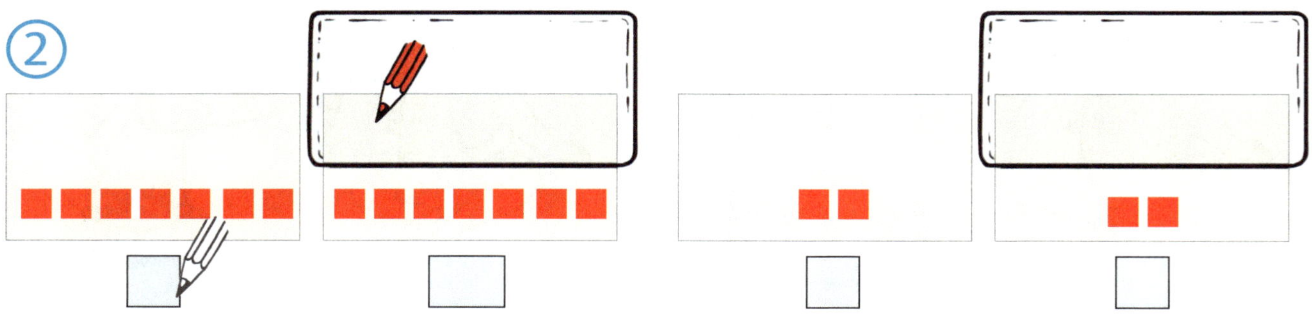

Didaktische Information
Eigene Verdoppelungsaufgaben legen und spiegeln; Erkennen, dass eine strukturierte Legeweise bei der Lösung der Aufgabe hilfreich ist

Sprechen
Ich sehe 3. Ich sehe 6.

▸ D 85/86

3

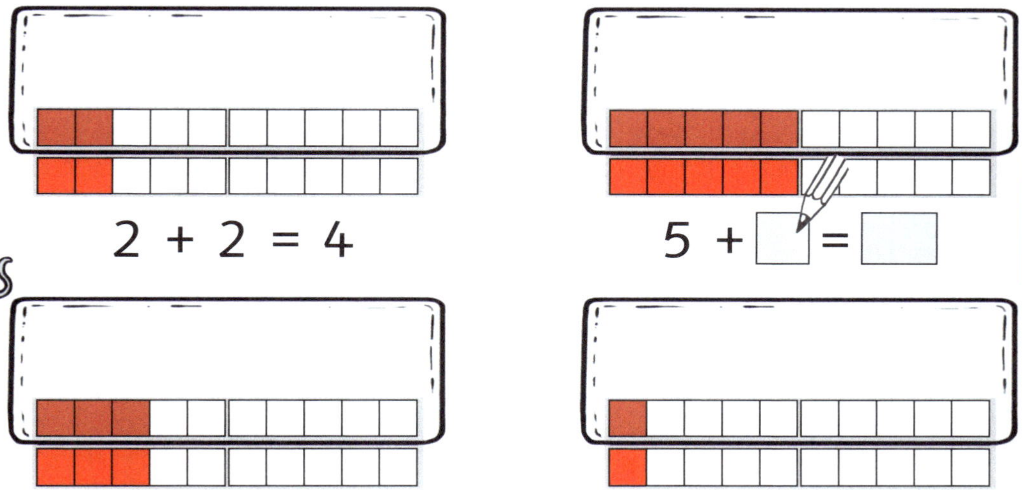

$2 + 2 = 4$

$5 + \square = \square$

$\square + \square = \square$

$\square + \square = \square$

verdoppeln
das Doppelte
die Verdoppelungs-aufgabe

Sprechen
Ich sehe 4. 8 ist das Doppelte von 4, (denn 4 plus 4 gleich 8).
! „denn"-Formulierung nur in der sprachlichen Differenzierung nutzen

Didaktische Information
Abweichung von der „normalen" Legeweise ins Zwanzigerfeld für die bessere Lesbarkeit im Spiegel

Einspluseinstafel

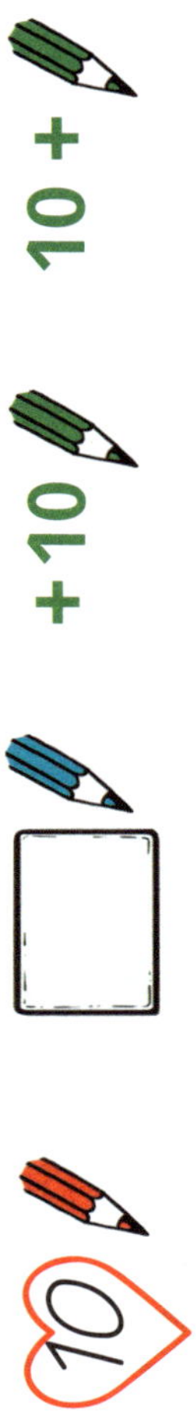

+	0	1	2	3	4	5	6	7	8	9	10
0	0+0	0+1	0+2	0+3	0+4	0+5	0+6	0+7	0+8	0+9	0+10
1	1+0	1+1	1+2	1+3	1+4	1+5	1+6	1+7	1+8	1+9	1+10
2	2+0	2+1	2+2	2+3	2+4	2+5	2+6	2+7	2+8	2+9	2+10
3	3+0	3+1	3+2	3+3	3+4	3+5	3+6	3+7	3+8	3+9	3+10
4	4+0	4+1	4+2	4+3	4+4	4+5	4+6	4+7	4+8	4+9	4+10
5	5+0	5+1	5+2	5+3	5+4	5+5	5+6	5+7	5+8	5+9	5+10
6	6+0	6+1	6+2	6+3	6+4	6+5	6+6	6+7	6+8	6+9	6+10
7	7+0	7+1	7+2	7+3	7+4	7+5	7+6	7+7	7+8	7+9	7+10
8	8+0	8+1	8+2	8+3	8+4	8+5	8+6	8+7	8+8	8+9	8+10
9	9+0	9+1	9+2	9+3	9+4	9+5	9+6	9+7	9+8	9+9	9+10
10	10+0	10+1	10+2	10+3	10+4	10+5	10+6	10+7	10+8	10+9	10+10

Didaktische Information
Entdeckungen in der Einspluseinstafel mithilfe der Richtungen beschreiben lassen

Sprechen
Oben/unten/rechts/links in der Einspluseinstafel sehe ich Partnerzahlen/Verdoppelungsaufgaben.
! Den Begriff „diagonal“ nur in der sprachlichen Differenzierung nutzen

▸ D 87/88
▸ KV 79

10 +

10 + 0 = 10
10 + 1 = ___
___ + 2 = ___
___ + ___ = ___
___ + ___ = ___
___ + ___ = ___
___ + ___ = ___
___ + ___ = ___
___ + ___ = ___
___ + ___ = ___
___ + ___ = ___

die Partnerzahlen
die Verdoppelungsaufgaben

+ 10

0 + 10 = 10
1 + 10 = ___
2 + 10 = ___
___ + ___ = ___
___ + ___ = ___
___ + ___ = ___
___ + ___ = ___
___ + ___ = ___
___ + ___ = ___
___ + ___ = ___
10 + 10 = ___

0 + 0 = 0
1 + 1 = ___
2 + 2 = ___
___ + ___ = ___
___ + ___ = ___
___ + ___ = ___
___ + ___ = ___
___ + ___ = ___
___ + ___ = ___
___ + ___ = ___
___ + ___ = ___

10

0 + 10 = 10
1 + 9 = ___
2 + 8 = ___
___ + ___ = ___
___ + ___ = ___
___ + ___ = ___
___ + ___ = ___
___ + ___ = ___
___ + ___ = ___
___ + ___ = ___
___ + ___ = ___

Didaktische Information
Ein eigenes Lernplakat mit der Einspluseinstafel gestalten

Nachbaraufgaben

die Nachbaraufgabe
die 1. Zahl
die 2. Zahl
das Ergebnis

①

8 + 8 = ☐

9 + 7 = ☐ | 9 + 8 = ☐ | 9 + 9 = ☐

☐ + ☐ = ☐

☐ + ☐ = ☐

☐ + ☐ = ☐ | 4 + 5 = ☐ | ☐ + ☐ = ☐

☐ + ☐ = ☐

☐ + ☐ = ☐

☐ + ☐ = ☐ | 7 + 6 = ☐ | ☐ + ☐ = ☐

☐ + ☐ = ☐

Didaktische Information
Zusammenhang zwischen Aufgabe und Nachbaraufgaben thematisieren

Sprechen
Die linke/rechte Nachbaraufgabe von … ist … Die Nachbaraufgabe oben/unten ist … Die 1./2. Zahl wird um … größer/kleiner. Die 1./2. Zahl bleibt gleich. Das Ergebnis wird um … größer/kleiner.

▸ D 89/90
▸ KV 80/81

die Nachbaraufgabe
die Verdoppelungsaufgabe
die Partnerzahlen

2

6 + 6 = ☐	☐ + ☐ = ☐	☐ + ☐ = ☐
7 + 6 = ☐	6 + 5 = ☐	9 + 8 = ☐
☐ + ☐ = ☐	☐ + ☐ = ☐	☐ + ☐ = ☐
7 + 8 = ☐	10 + 9 = ☐	5 + 6 = ☐
☐ + ☐ = ☐	☐ + ☐ = ☐	☐ + ☐ = ☐
8 + 9 = ☐	9 + 10 = ☐	6 + 7 = ☐

3

8 + 2 = ☐	☐ + ☐ = ☐	☐ + ☐ = ☐
9 + 2 = ☐	4 + 7 = ☐	6 + 5 = ☐
☐ + ☐ = ☐	☐ + ☐ = ☐	☐ + ☐ = ☐
8 + 3 = ☐	5 + 6 = ☐	2 + 9 = ☐

► KV 80/81

Sprechen
Mir hilft die Verdoppelungsaufgabe.
Mir helfen die Partnerzahlen.

Didaktische Information
Kinder erinnern: Bei der Nachbaraufgabe oben ist die erste Zahl um 1 kleiner usw.

Zehnerübergang

1

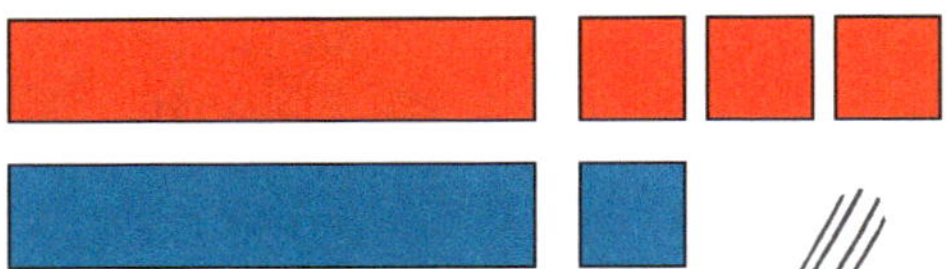

8 + 6 = ☐

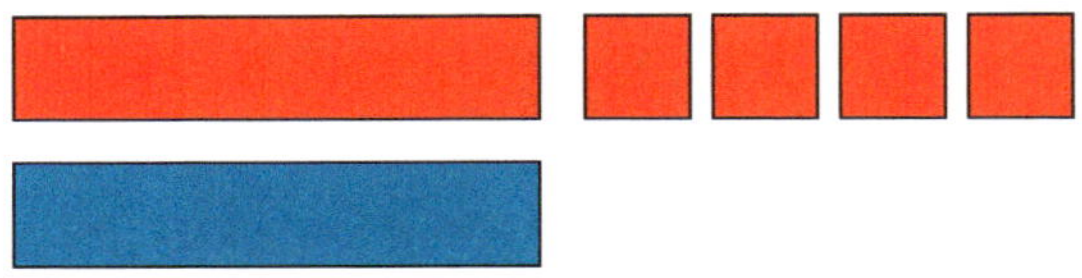

☐ + ☐ = ☐

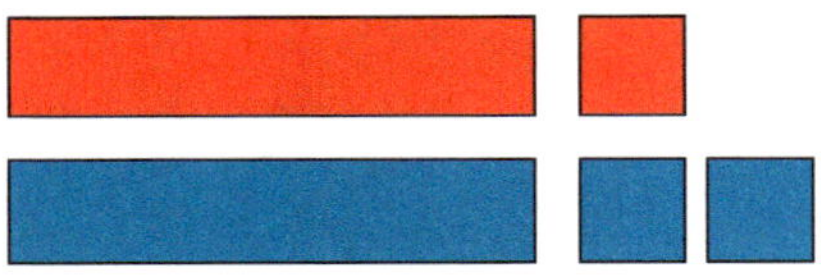

☐ + ☐ = ☐

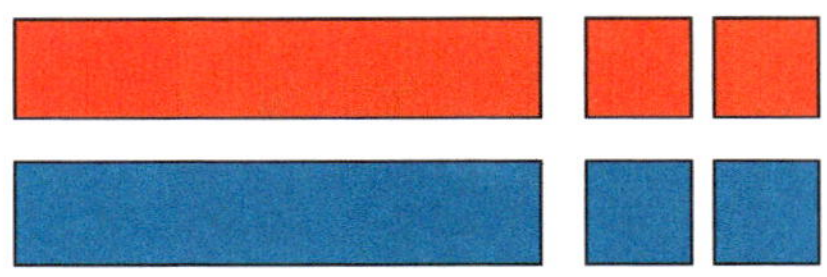

☐ + ☐ = ☐

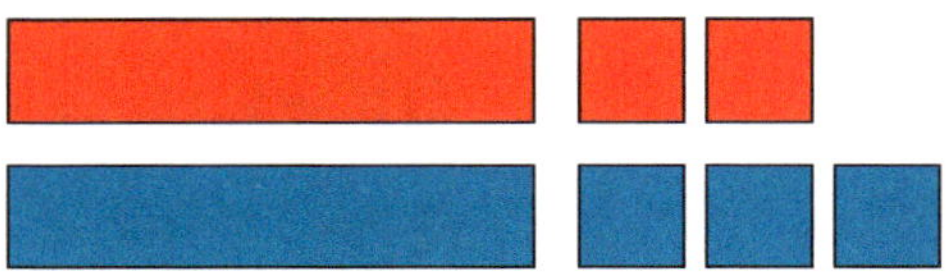

☐ + ☐ = ☐

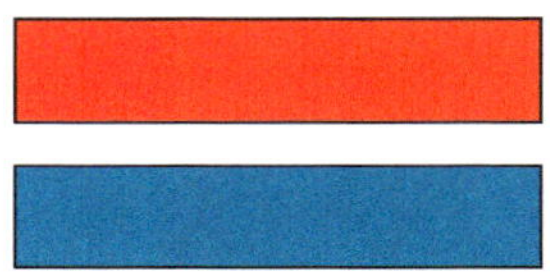

☐ + ☐ = ☐

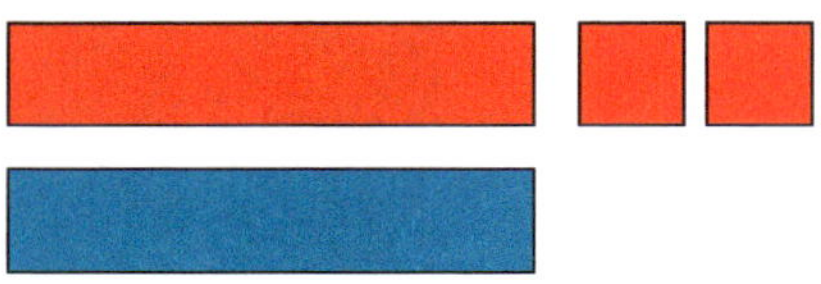

☐ + ☐ = ☐

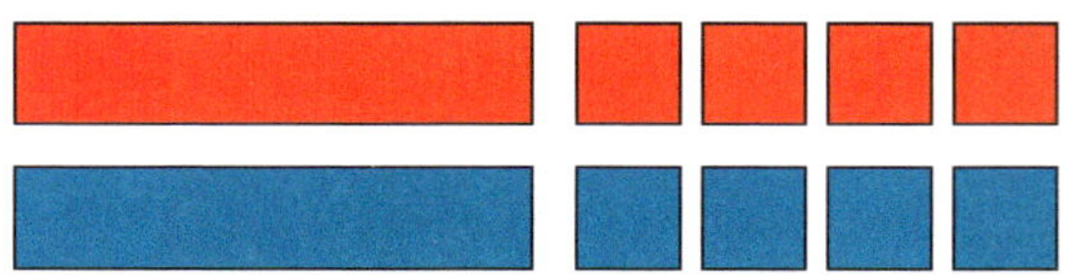

☐ + ☐ = ☐

Didaktische Information
Beim Legen darauf achten, dass Fünferstreifen (Kartonbeilage) untereinander gelegt werden und Einer auch (Nähe zu Stellenwerten); Zahl quasi von hinten nach vorne lesen lassen: 4_10 (= 14)

Sprechen
Ich lege 8 als 5 und 3. Ich lege 6 als 5 und 1. 5 und 5 sind 10. 3 und 1 sind 4. Also 14.

► D 91/92
► KV 82/83

②

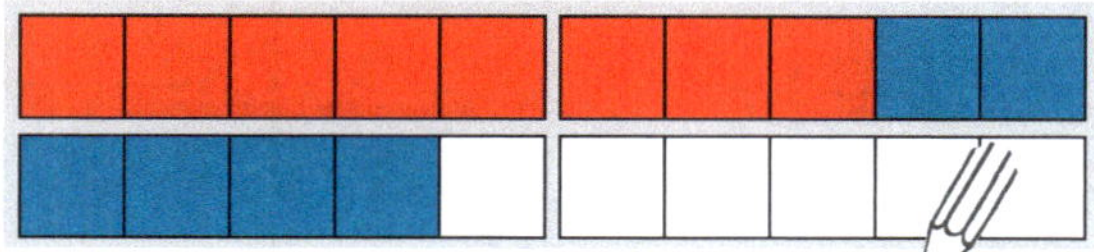

8 + 6 = □

8 + 2 + 4 = □

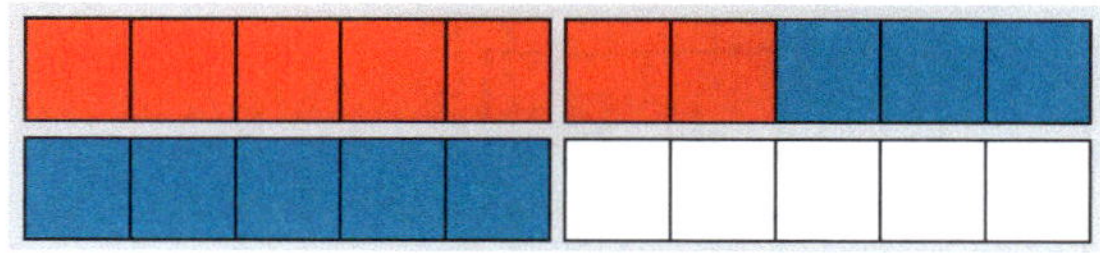

7 + 8 = □

7 + 3 + 5 = □

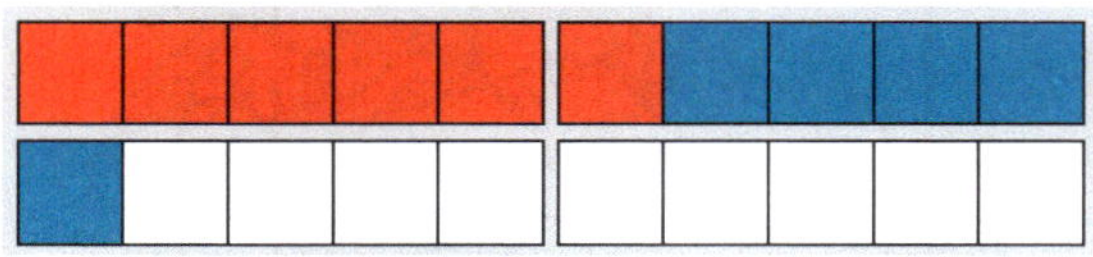

6 + □ = □

6 + □ + □ = □

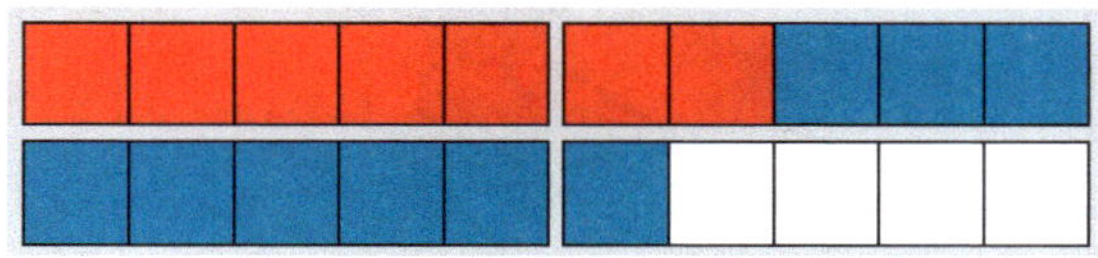

7 + □ = □

7 + □ + □ = □

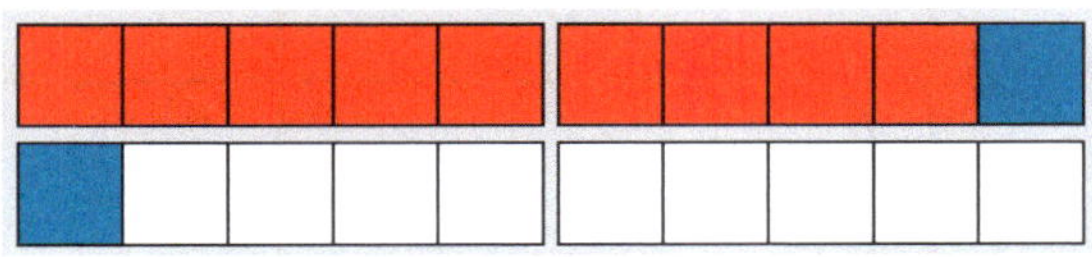

9 + □ = □

9 + □ + □ = □

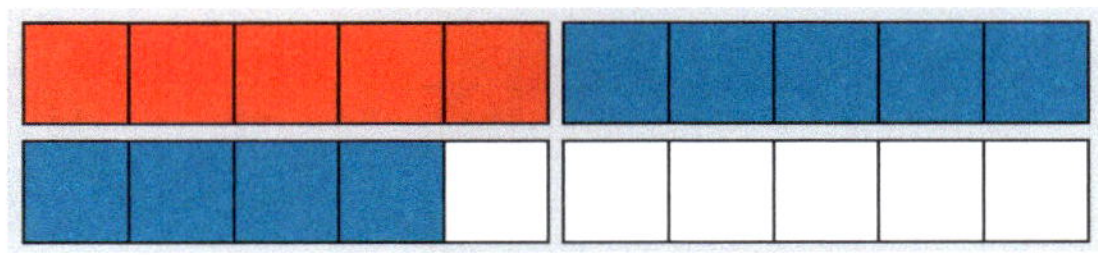

5 + □ = □

5 + □ + □ = □

③

5 + 7 = □

9 + 6 = □

Sprechen
Ich lege erst bis zum Zehner und dann weiter.

Didaktische Information
Schwierigkeiten beim Zerlegen des 2. Summanden berücksichtigen; D Kinder können die Aufgaben im Zwanzigerfeld legen (Kartonbeilage)

Zehnerübergang – Konferenz

①

7 + 6 = ☐

8 + 4 = ☐

5 + 9 = ☐

3 + 8 = ☐

Didaktische Information
Kinder beschreiben die Rechenwege der Buchkinder bzw. Materialien, mit denen die Buchkinder rechnen; Ein eigenes Lernplakat mit den Rechenwegen über die 10 gestalten

Sprechen
… rechnet mit dem Zwanzigerfeld / mit der Einspluseintafel / mit den Fünferstreifen / mit den Partnerzahlen / mit der Verdoppelungsaufgabe.

► KV 84/85

9 + 6 = ☐

8 + 7 = ☐

6 + 8 = ☐

4 + 7 = ☐

7 + 5 = ☐

9 + 4 = ☐

2 + 9 = ☐

7 + 8 = ☐

▸ KV 84/85

Sprechen
Ich rechne wie … (Kind)/mit … (Material)

Didaktische Information
Kinder dazu anregen, verschiedene Rechenwege auszuprobieren; Diagnostischer Blick, welche Strategien die Kinder wählen und was sie sagen

Tauschaufgaben bis 20

die Tauschaufgabe

①

4 + 8 = ☐ 2 + 9 = ☐ 5 + 8 = ☐

8 + 4 = ☐ 9 + 2 = ☐ 8 + 5 = ☐

6 + 9 = ☐ 3 + 8 = ☐ 2 + 10 = ☐

☐ + ☐ = ☐ ☐ + ☐ = ☐ ☐ + ☐ = ☐

4 + 7 = ☐ 5 + 9 = ☐ ☐ + ☐ = ☐

☐ + ☐ = ☐ ☐ + ☐ = ☐ ☐ + ☐ = ☐

② Finde die Tauschaufgaben.

5 + 6 2 + 9 4 + 9 4 + 6 3 + 11

6 + 5 9 + 3 9 + 4 6 – 4 11 + 3

Didaktische Information
Hinweis: Wenn der erste Summand größer ist, ist es nicht mehr weit zum Zehner; D Kinder können die Aufgaben legen (Kartonbeilage) oder beim Aufschreiben gleiche Zahlen gleich anmalen

Sprechen
Die 1. und die 2. Zahl tauschen den Platz, das Ergebnis bleibt gleich.

▸D 93/94
▸KV 86

Entdeckerpäckchen

1

die 1. Zahl		die 2. Zahl		das Ergebnis
8	+	3	=	□
8	+	4	=	□
8	+	5	=	□
8	+	6	=	□
8	+	7	=	□

die 1. Zahl		die 2. Zahl		das Ergebnis
5	+	6	=	□
6	+	6	=	□
7	+	6	=	□
8	+	□	=	□
9	+	□	=	□

2

9 + 5 = □

□ + □ = □

□ + □ = □

□ + □ = □

□ + □ = □

~~9 + 5~~

5 + 5

7 + 5

8 + 5

6 + 5

die 1. Zahl
die 2. Zahl
das Ergebnis
wird kleiner
wird größer
bleibt gleich

3

die 1. Zahl		die 2. Zahl		das Ergebnis
□	+	□	=	□
□	+	□	=	□
□	+	□	=	□
□	+	□	=	□
□	+	□	=	□

die 1. Zahl		die 2. Zahl		das Ergebnis
□	+	□	=	□
□	+	□	=	□
□	+	□	=	□
□	+	□	=	□
□	+	□	=	□

▸ D 95/96
▸ KV 87–89

Sprechen
Die 1./2. Zahl/Das Ergebnis bleibt immer gleich. Die 1./2. Zahl/Das Ergebnis wird immer um … größer/kleiner. D *Wenn …, dann …*

Didaktische Information
Struktur der Entdeckerpäckchen beschreiben lassen; D Eigene Entdeckerpäckchen erfinden und in ein Lerntagebuch schreiben

Ergänzungsaufgaben

1

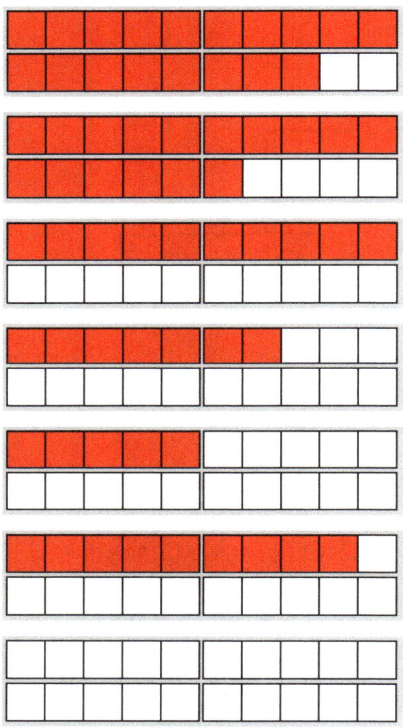

20	
18	2
16	□
10	□
7	□
5	□
9	□
0	□

18 + □ = 20

16 + □ = 20

10 + □ = 20

7 + □ = 20

5 + □ = 20

9 + □ = 20

0 + □ = 20

Didaktische Information
Die Partnerzahlen helfen bei der Ergänzung zur 20

Sprechen
Ich habe 13. Das Ergebnis ist 20. Ich ergänze 7.

▸D 97/98
▸KV 90

②

10 + 5 = 15	12 + □ = 16	16 + □ = 18
11 + □ = 15	13 + □ = 16	15 + □ = 18
12 + □ = 15	14 + □ = 16	14 + □ = 18
13 + □ = 15	15 + □ = 16	13 + □ = 18

③

4 + □ = 13	8 + □ = 10	9 + □ = 19
5 + □ = 13	8 + □ = 11	8 + □ = 19
6 + □ = 13	8 + □ = 12	7 + □ = 19
7 + □ = 13	8 + □ = 13	6 + □ = 19

④

17 = 8 + □	14 = □ + 7	12 = 8 + □
17 = 6 + □	14 = □ + 0	12 = 5 + □
17 = 2 + □	14 = □ + 13	12 = □ + 9
17 = 4 + □	14 = □ + 8	12 = □ + 12

► KV 90

Sprechen
Ich habe 10. Das Ergebnis ist 15. Ich ergänze 5.
Das Ergebnis ist 17. Ich habe 8. Ich ergänze 9.

Didaktische Information
D Kinder können die Aufgaben legen (Kartonbeilage) und eine Folie zum Abdecken nutzen

Rechenmauern

①

10	2
8	5
13	7
4	9
11	3
17	2
10	10
20	0
9	9

die Zielzahl
die linke Basiszahl
die rechte Basiszahl

②

Didaktische Information
1 Keine lineare Anordnung, keine Rechenzeichen, Ergebnis steht oben drüber

Sprechen
Die linke Basiszahl ist 15. Die rechte Basiszahl ist 3. Ich rechne 15 plus 3 gleich 18. Die Zielzahl ist 18.

▸D 99/100
▸KV 91

③

10	
5	

14	
	7

15	
5	

19	
	10

12	
8	

20	
	11

16	
7	

8	
	1

18	
12	

④

20	

20	

20	

►KV 91

Sprechen
Ich habe 6. Die Zielzahl ist 13. Ich ergänze 7.

Didaktische Information
D Es kann auch die Subtraktion gerechnet werden;
D Eigene Rechenmauern erfinden und in ein Lerntagebuch schreiben

Rechengeschichten

1

3 + 5 = 8 | 3 + 2 = 5 | 2 + 3 = 5

6 + 3 = 9 | 6 – 3 = 3 | 3 + 6 = 9

14 + 2 = 16 | 12 – 4 = 8 | 12 + 4 = 16

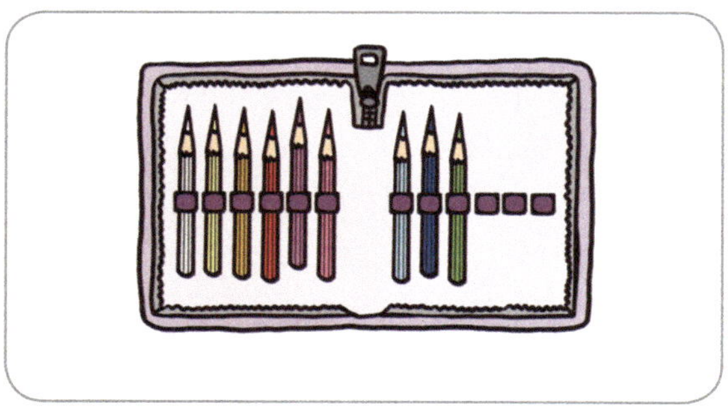

9 + 11 = 20 | 9 + 2 = 11 | 2 + 9 = 11

Didaktische Information
Addition in unterschiedlichen Zusammenhängen erkennen, handelnd und gedanklich vollziehen; Kinder beschreiben Situationen

Sprechen
3 Äpfel sind da. 2 Äpfel kommen dazu. Zusammen sind es 5 Äpfel. ! Wortbedeutungen klären (dazukommen, aufhängen, aufkleben)
! Verbtrennung: dazulegen – Ich lege dazu.

②

4 + 4 = ☐

5 + 6 = ☐

10 + 4 = ☐

7 + 9 = ☐

Sprechen
Ich habe 4 Bonbons. 4 Bonbons lege ich dazu. Zusammen sind es 8 Bonbons.
D Alternative Verben finden

Didaktische Information
Kinder finden Plus-Situationen; Darstellung der Ausgangsmenge im 1. Bild; D Eigene Rechengeschichten erfinden und in ein Lerntagebuch schreiben

Das kann ich schon

1

□ + 4 = □ □ + □ = □ □ + □ = □

14 + 4 = □ 13 + 6 = □ 18 + 2 = □

😊 ⚠ □ □ S. 32/33

2

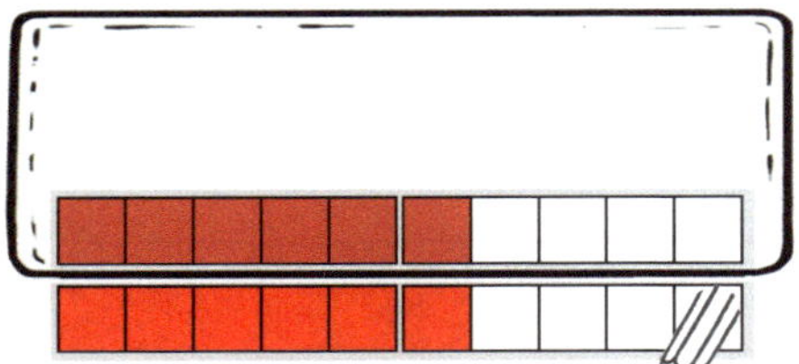

6 + 6 = □

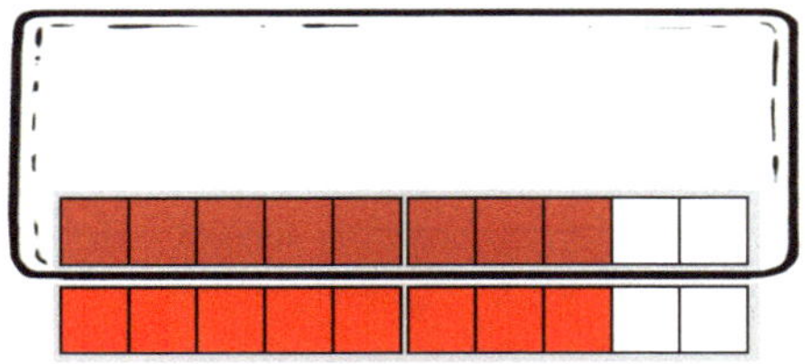

□ + □ = □

😊 ⚠ □ □ S. 34/35

3

□ + □ = □

8 + 9 = □

□ + □ = □

7 + 6 = □

□ + □ = □

9 + 2 = □

□ + □ = □

5 + 6 = □

😊 ⚠ □ □ S. 39

4

3 + 8 = □ 1 + 11 = □ 4 + 7 = □

8 + □ = □ □ + 1 = □ □ + □ = □

😊 ⚠ □ □ S. 44

5

□	
9	4

□	
6	8

□	
11	7

😊 ⚠ □ □ S. 48/49

Didaktische Information
Aufgaben zur Selbstüberprüfung und Selbsteinschätzung, zunächst noch stark durch die Lehrkraft gesteuert – später zunehmend als Selbstkontrolle/Selbsteinschätzung

Forscherseite

1

18	18	18
18	18	18
18	18	18
18	18	18
18	18	18
18	18	18
18	18	18

Didaktische Information
Anregungen zum Ausprobieren, Knobeln, Forschen und Entdecken mit Anforderungen, die über die der vorherigen Seiten hinausgehen; 19 Möglichkeiten, 2 zu viel angegeben;

D Eigene Rechenmauern erfinden und in ein Lerntagebuch schreiben

Körper überall

der Würfel
der Quader
der Zylinder
die Kugel

• der Würfel

• der Quader

• der Zylinder

• die Kugel

Didaktische Information
Körper erkennen, Entstehung/Verwendung/Vor- und Nachteile thematisieren; Nach Körpern in der Umwelt (Fotos) und in Medien suchen und damit ein Plakat gestalten

Sprechen
Die Dose ist ein Zylinder. Wortklärung mit Genus: Gegenstände und Körper mit bestimmtem und unbestimmtem Artikel benennen: rund, eckig, die Kante(n), die Ecke(n), die Fläche(n)

▸KV 92/93

①

②

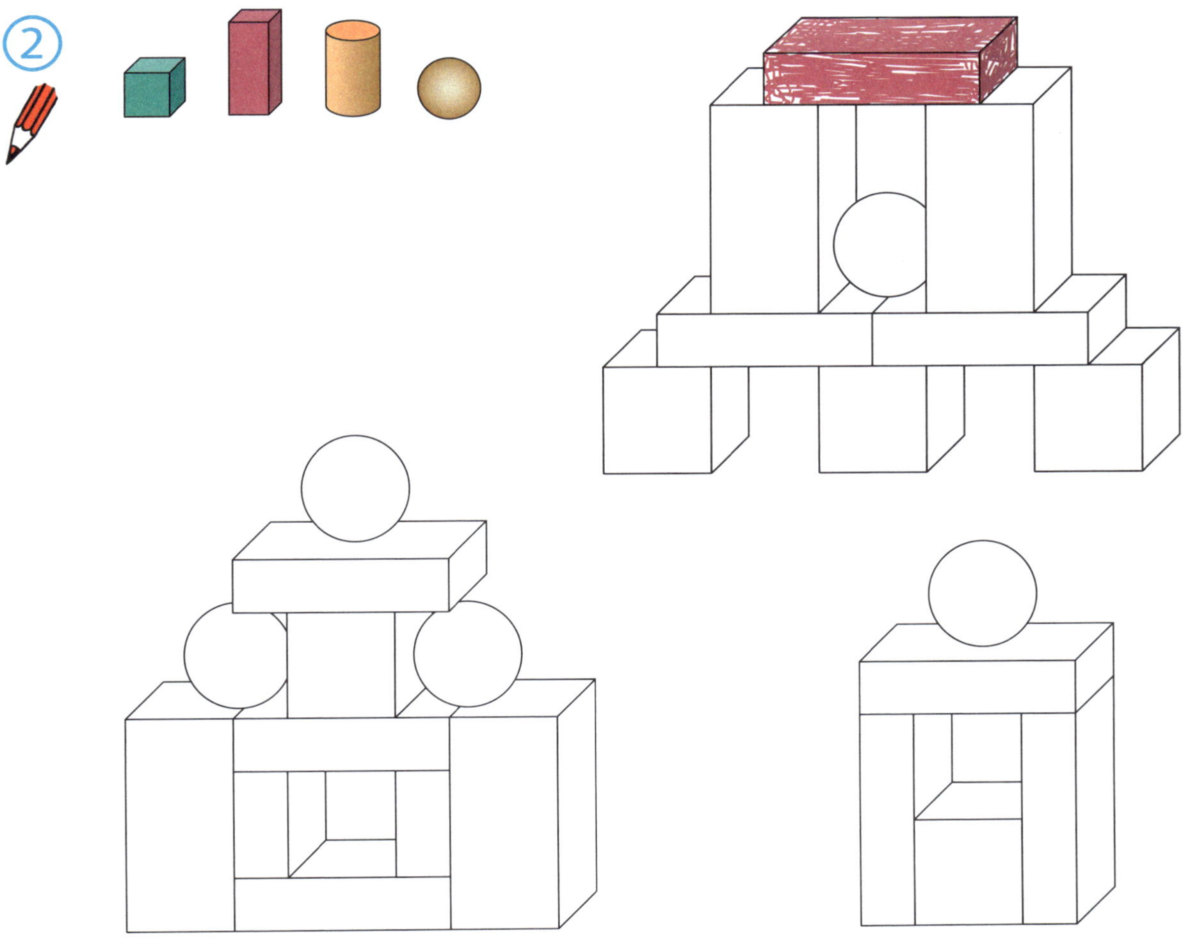

Sprechen
Die Kekspackung ist ein Quader.
Handlungsbegleitendes Sprechen z. B. durch Partnerarbeit anregen

Didaktische Information
Handlungsanregung: leere Verpackungen von den Kindern zum Sortieren mitbringen lassen; Körper in Bauwerken erkennen und anmalen

Mit Körpern bauen

(1)

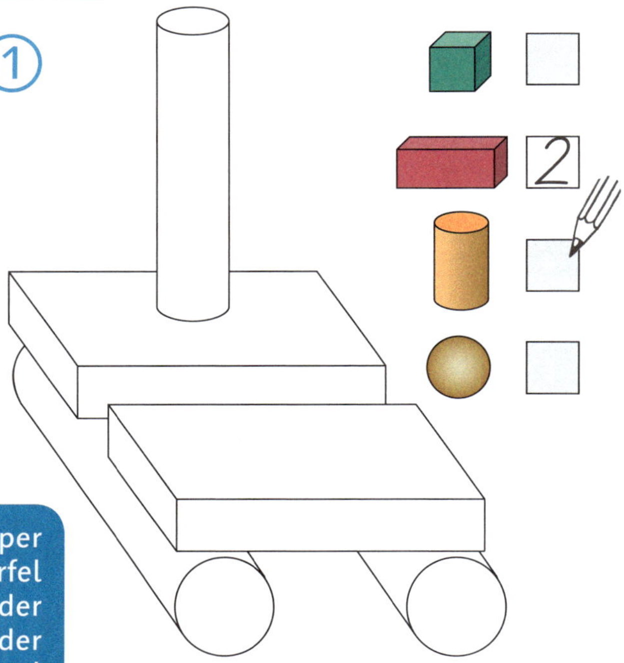

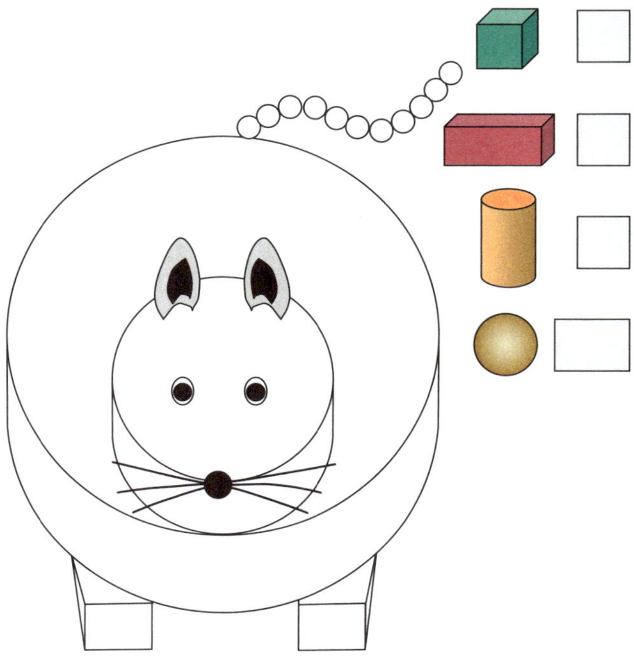

der Körper
der Würfel
der Quader
der Zylinder
die Kugel

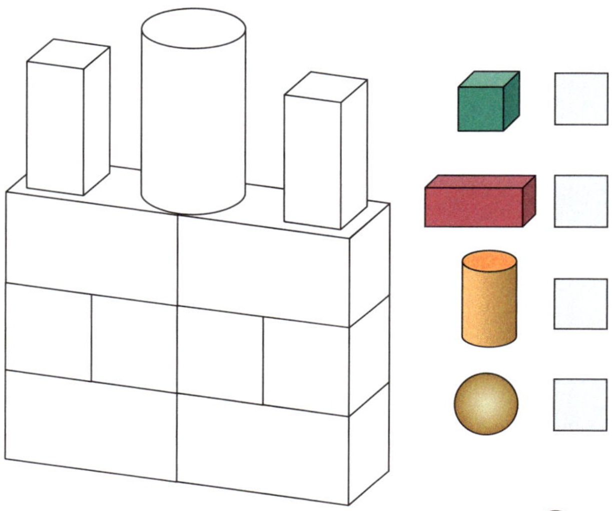

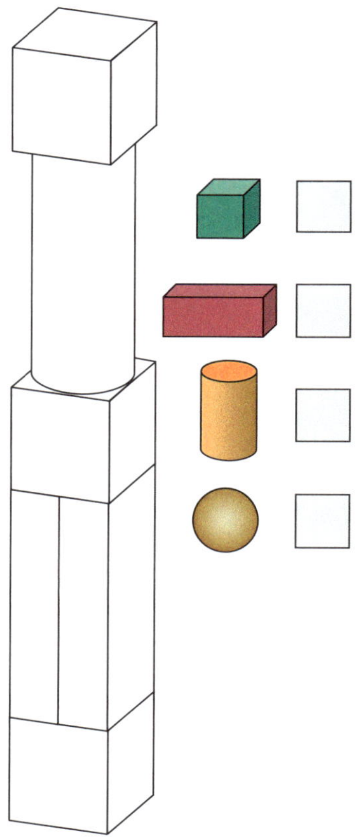

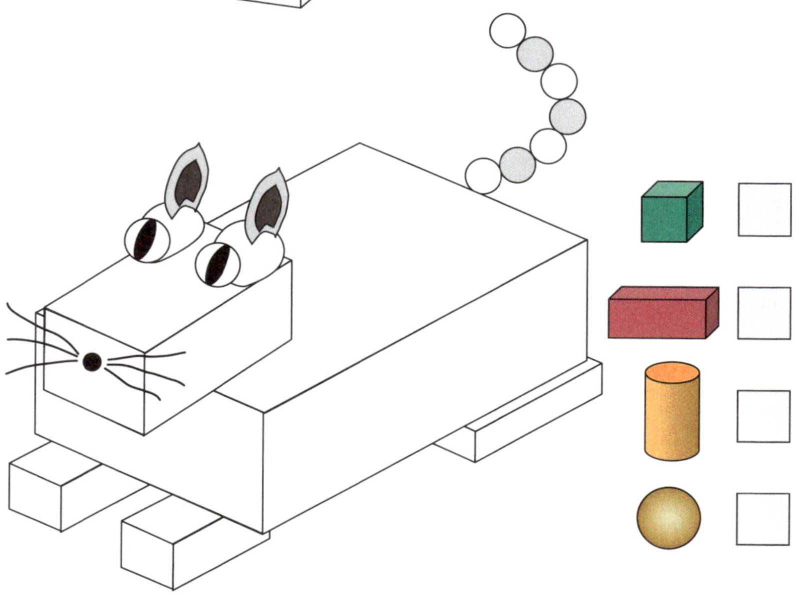

Didaktische Information
Körper in Bauwerken erkennen und zählen; Handlungsanregung: aus mitgebrachtem Verpackungsmaterial verschiedene Figuren bauen und beschreiben lassen

Sprechen
Für den Turm brauche ich 3 Würfel, ...

Körper und Flächen

die Fläche
das Quadrat
das Rechteck
der Kreis

1

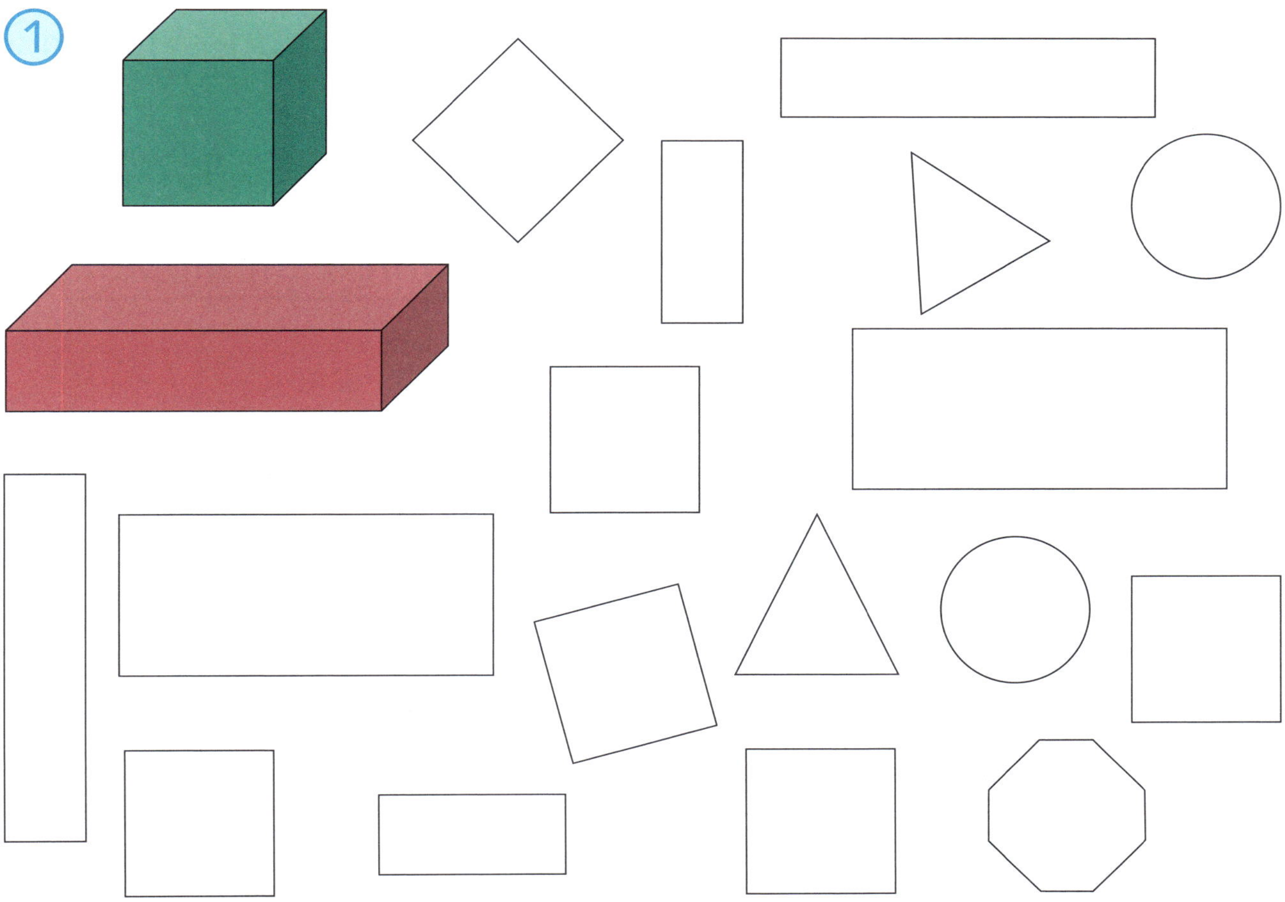

Sprechen
Ich nehme einen Zylinder. Ich stempel einen Kreis.
Auf die Verwendung der Begriffe soll Wert gelegt werden

Didaktische Information
Lernschwerpunkt sind Grunderfahrungen zu Körper – Fläche;
! Quader können sowohl Rechtecke als auch Quadrate als Fläche haben

Körper erkennen und beschreiben

der Körper
die Ecke
die Kante

1

hat Ecken

ist rund

kann kippen

hat Kanten

hat keine Ecken

kann nicht rollen

hat keine Kanten

kann rollen

kann nicht kippen

2

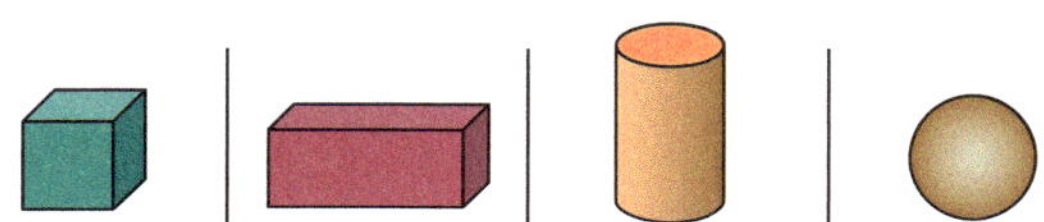

	Würfel	Quader	Zylinder	Kugel
hat Ecken	☒	☐	☐	☐
hat Kanten	☐	☐	☐	☐
kann rollen	☐	☐	☐	☐
kann kippen	☐	☐	☐	☐
ist rund	☐	☐	☐	☐

Didaktische Information
Eigenschaften von Körpern benennen

Sprechen
Der Körper/Würfel hat Ecken.
Der Körper/das Rechteck kann nicht rollen.

▸KV 94

Bauen mit Würfeln

1

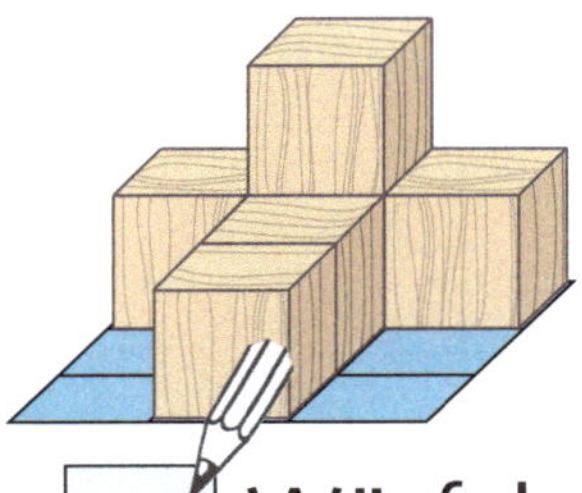

☐ Würfel

☐ Würfel

☐ Würfel

☐ Würfel

☐ Würfel

☐ Würfel

☐ Würfel

☐ Würfel

☐ Würfel

▸ KV 95

Sprechen
Ich baue mit 7 Würfeln.
Das Bauwerk hat 7 Würfel.

Didaktische Information
Würfelbauten nachbauen und Würfel zählen; Eigene Würfelbauten bauen und von verschiedenen Seiten fotografieren

oben
unten
die Mitte
links
rechts

oben links	oben Mitte	oben rechts
Mitte links	Mitte	Mitte rechts
unten links	unten Mitte	unten rechts

① Schreibe die Baupläne.

oben Mitte	1 Würfel
oben rechts	3 Würfel
Mitte rechts	2 Würfel
unten Mitte	3 Würfel

oben links	2 Würfel
Mitte links	1 Würfel
Mitte	3 Würfel
unten links	2 Würfel

Didaktische Information
Lagebeschreibungen im Neunerfeld (Bauplan); üben durch Bauanleitungen nach Diktat

Sprechen
Oben rechts oben liegen drei Würfel übereinander.
Begriffe oben, unten, links, rechts sind bekannt;
! „vorne" und „hinten" nur in der sprachlichen Differenzierung nutzen

► KV 95

①

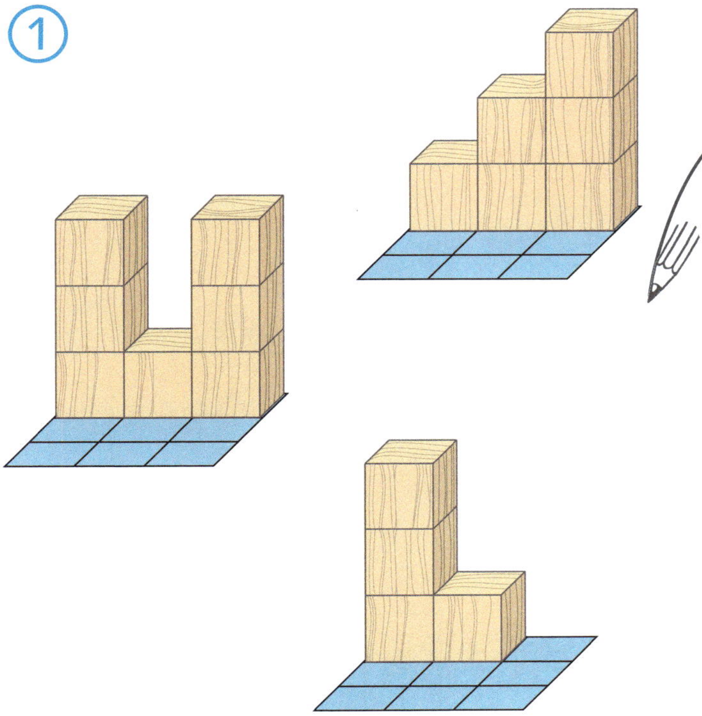

3	1	0

1	2	3

3	1	3

② Baue mit Würfeln.

2	4	2

3	2	1

3	0	3

③ Schreibe die Baupläne.

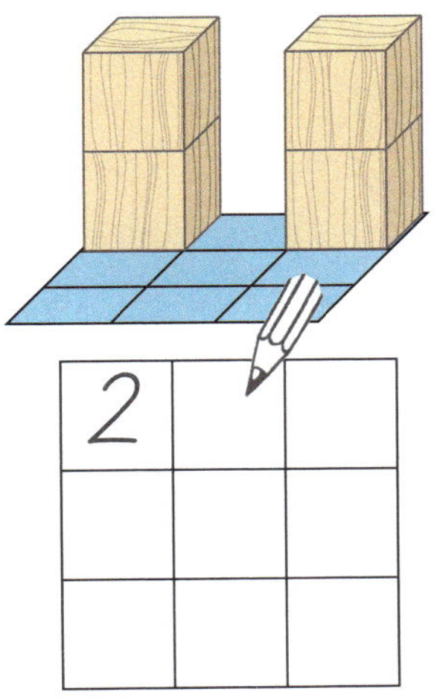

2		

Sprechen
Oben rechts oben liegen drei Würfel übereinander.

Didaktische Information
Baupläne für Würfelbauten erklären, nachbauen und schreiben; Eigene Würfelbauten bauen und von verschiedenen Seiten fotografieren

Baupläne

① Verbinde.

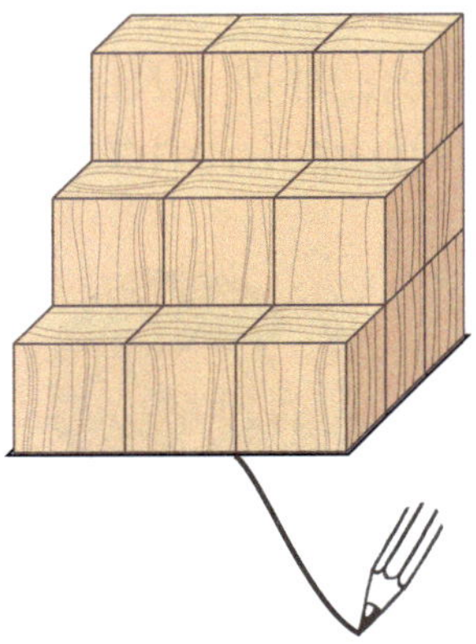

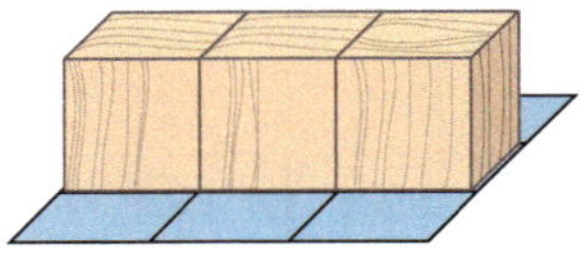

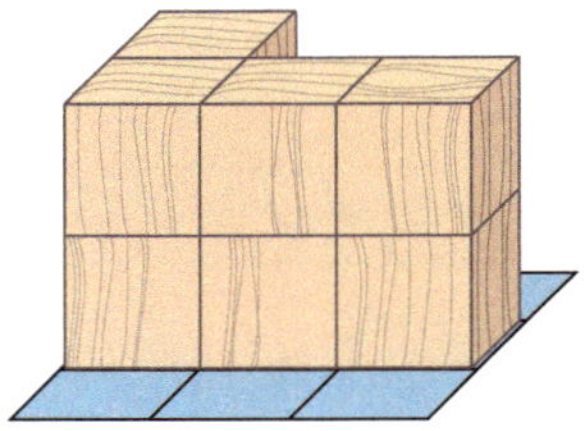

0	0	0
1	1	1
0	0	0

2	3	2
0	1	0
0	1	0

3	3	3
2	2	2
1	1	1

2	0	0
2	2	2
0	0	0

② Schreibe die Baupläne.

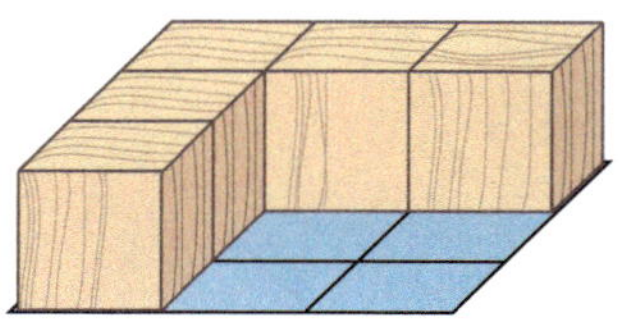

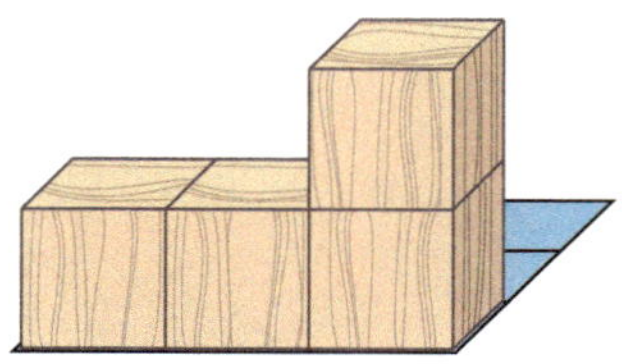

Didaktische Information
Baupläne den Würfelgebäuden zuordnen und Baupläne erstellen

Sprechen
Oben rechts liegen drei Würfel übereinander.

3

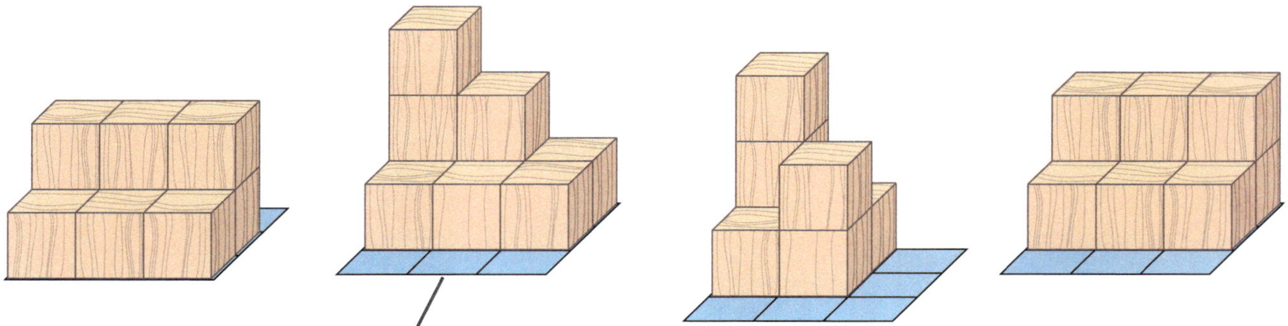

3	2	1
1	1	1
0	0	0

3	1	0
1	2	0
0	0	0

0	0	0
2	2	2
1	1	1

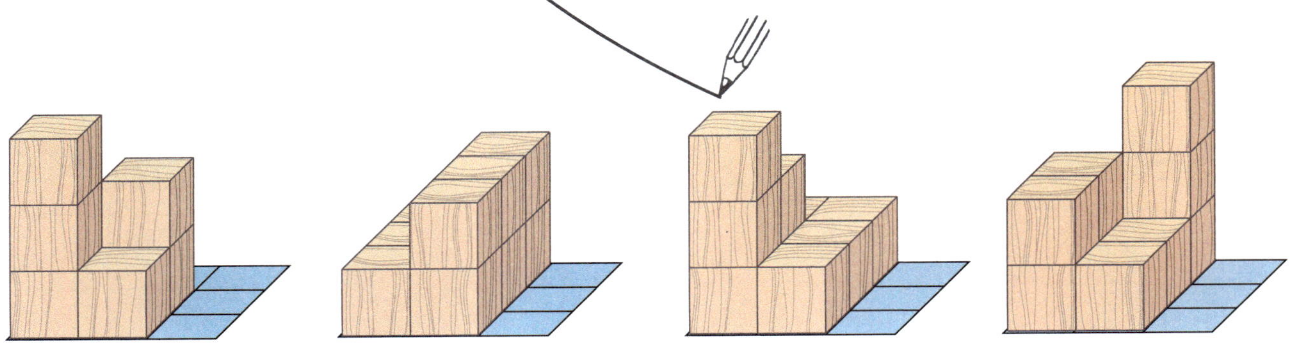

Sprechen
Beim Bauen Beschreibungen anregen:
Unten rechts (ist) ein Würfel.

Didaktische Information
Würfelbauten zunächst nachbauen lassen; Zuordnung Bauplan und Bauwerk; ! Zu jedem Bauplan soll das Bauwerk aus 2 Perspektiven gefunden werden – 2 Bauwerke bleiben übrig

Das kann ich schon

1

S. 56

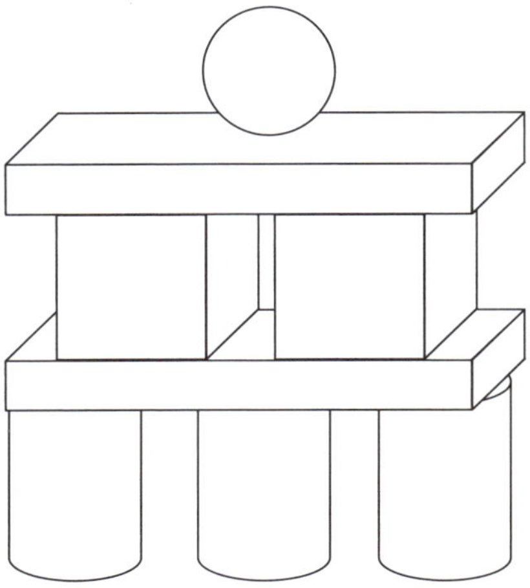

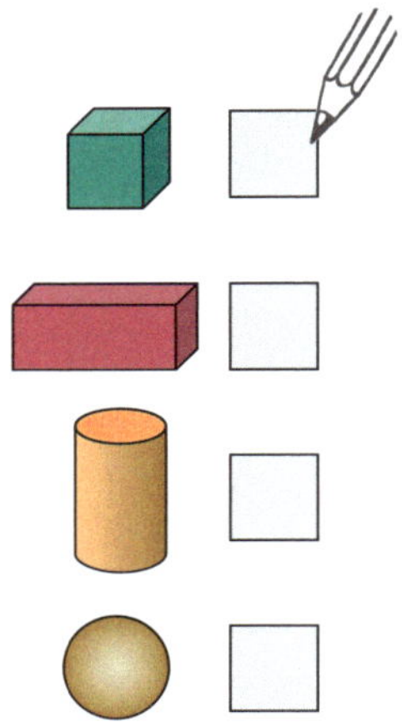

2

S. 57

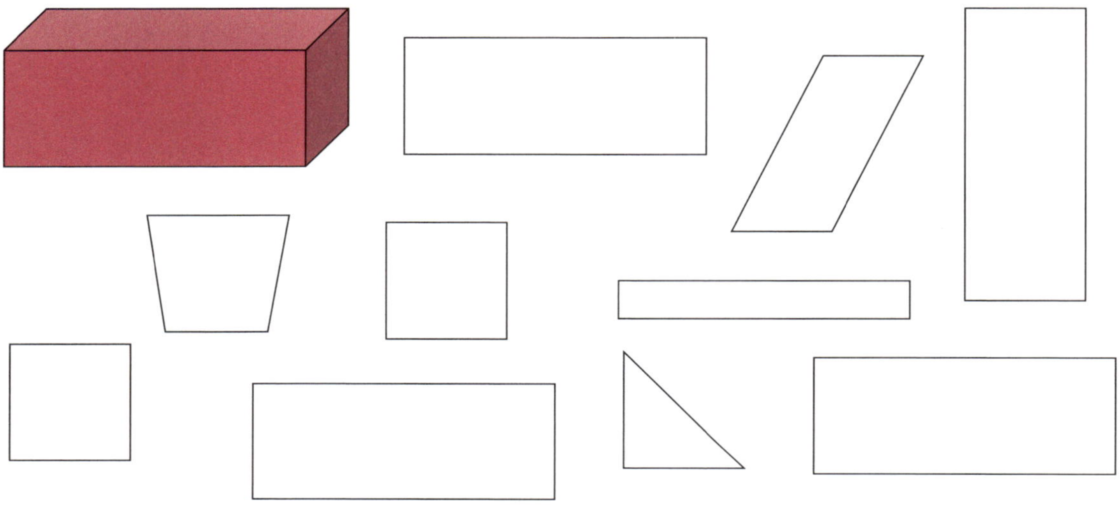

3

S. 60

Schreibe die Baupläne.

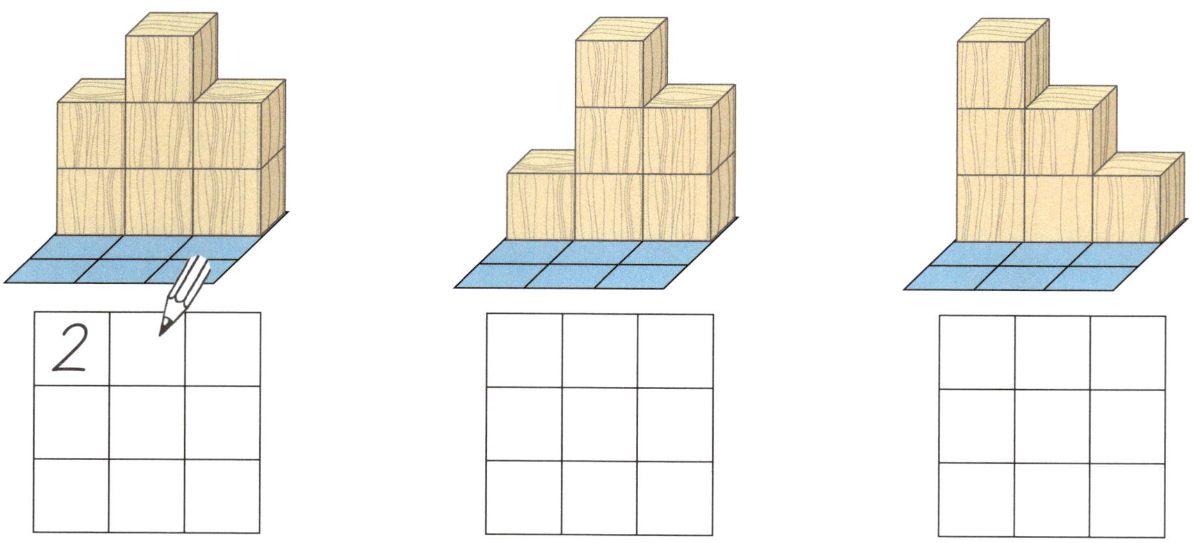

Didaktische Information
Aufgaben zur Selbstüberprüfung und Selbsteinschätzung, zunächst noch stark durch die Lehrkraft gesteuert – später zunehmend als Selbstkontrolle/Selbsteinschätzung

Forscherseite

1

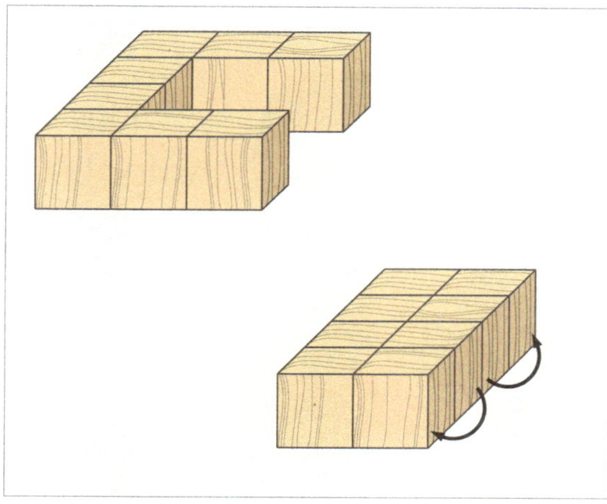

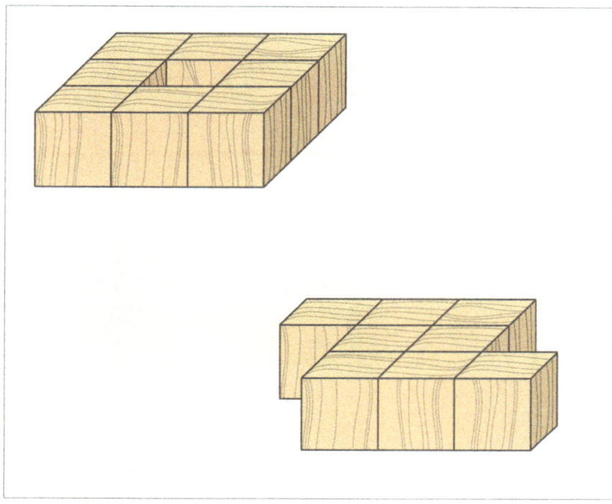

2

1.

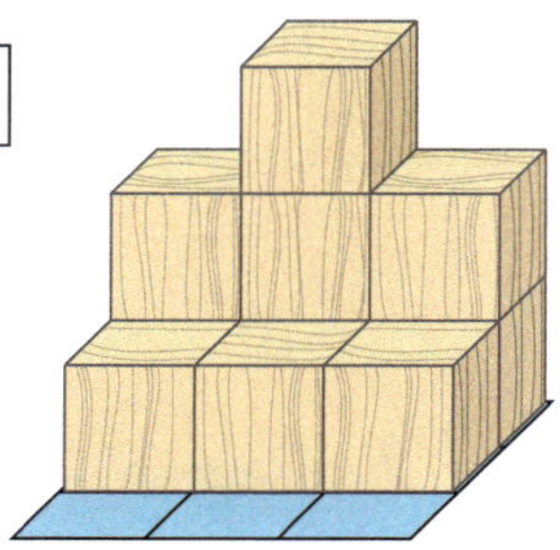

Didaktische Information
Anregungen zum Ausprobieren, Knobeln, Forschen und Entdecken mit Anforderungen, die über die der vorherigen Seiten hinausgehen; Bei Nr. 2 pro Schritt 1 Würfel versetzen

Kleine und große Aufgaben

die kleine Aufgabe
die große Aufgabe

18 – 5

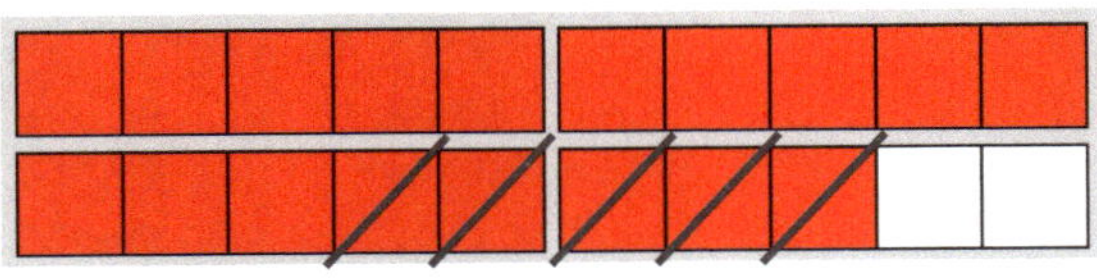

18 – 5 = 13

8 – 5 = 3

①

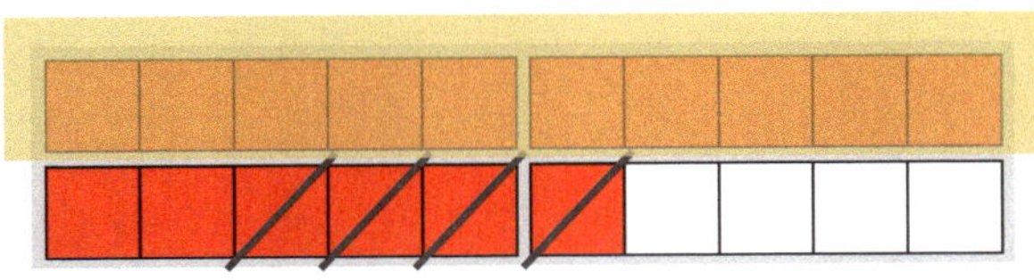

6 – 4 = 2
16 – 4 = 12

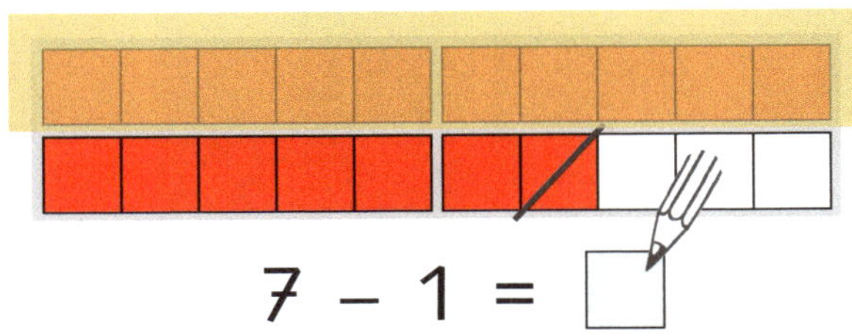

7 – 1 = ☐
17 – 1 = ☐

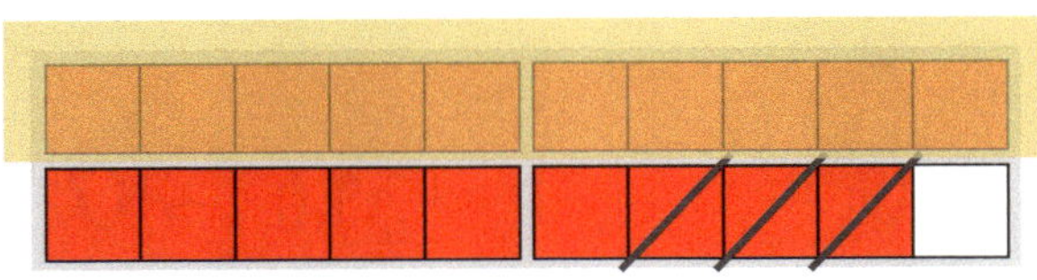

☐ – 3 = ☐
19 – 3 = ☐

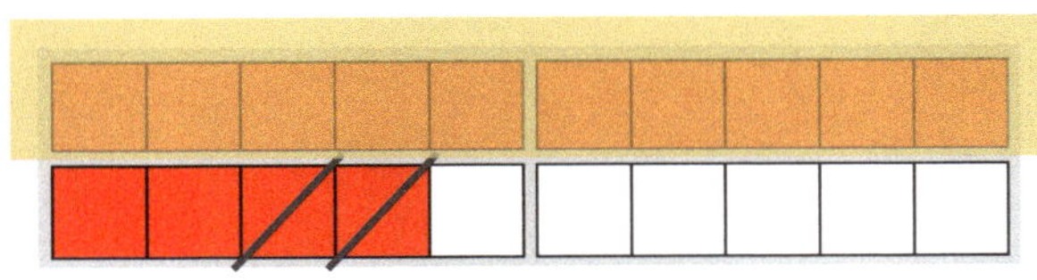

☐ – 2 = ☐
14 – 2 = ☐

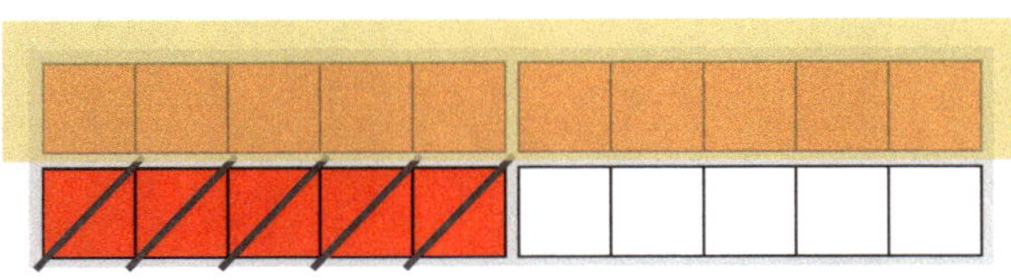

☐ – ☐ = ☐
15 – 5 = ☐

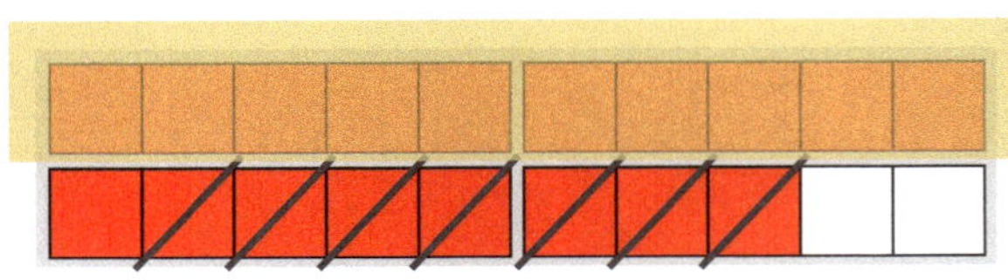

☐ – ☐ = ☐
18 – 7 = ☐

Didaktische Information
Zum Abdecken des Zehners eignet sich Transparentpapier; Zusammenhang zwischen kleiner und großer Aufgabe thematisieren; Zuerst die kleine, dann die große Aufgabe

Sprechen
8 minus 5 gleich 3.
18 minus 5 gleich 13.

▸D 103/104
▸KV 96

② 7 – 2 = □ 4 – 3 = □ 9 – 8 = □

17 – 2 = □ 14 – 3 = □ 19 – 8 = □

□ – 6 = □ □ – 1 = □ □ – 1 = □

16 – 6 = □ 15 – 1 = □ 13 – 1 = □

□ – □ = □ □ – □ = □ □ – □ = □

18 – 4 = □ 16 – 3 = □ 20 – 8 = □

③ 10 – 5 = □ 10 – 7 = □ 9 – 9 = □

20 – 5 = □ 20 – 7 = □ 19 – 9 = □

3 – 3 = □ 1 – 0 = □ 4 – 0 = □

13 – 3 = □ 11 – 0 = □ 14 – 0 = □

Sprechen
Ich finde zuerst die kleine Aufgabe. Ich rechne die kleine Aufgabe, dann die große Aufgabe.
7 minus 2 gleich 5, also ist 17 minus 2 gleich 15.

Didaktische Information
8 und 18 sind genauso „verwandt" wie 10 und 20 – mit den Kindern thematisieren; D Kinder können die Aufgaben zuerst im Zwanzigerfeld legen (Kartonbeilage)

Zehnerübergang

①

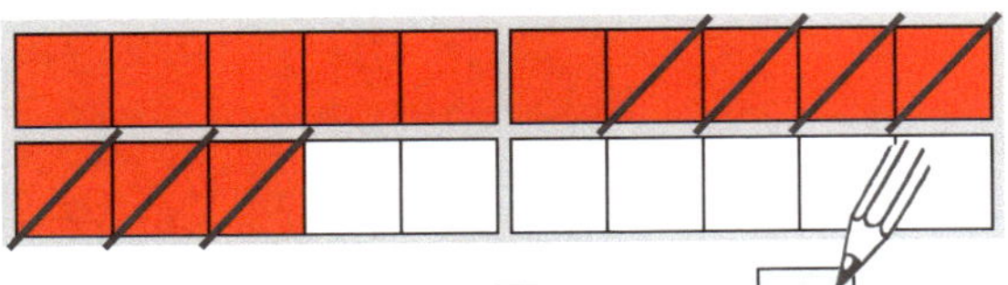

$13 - 7 = \square$

$13 - 3 - 4 = \square$

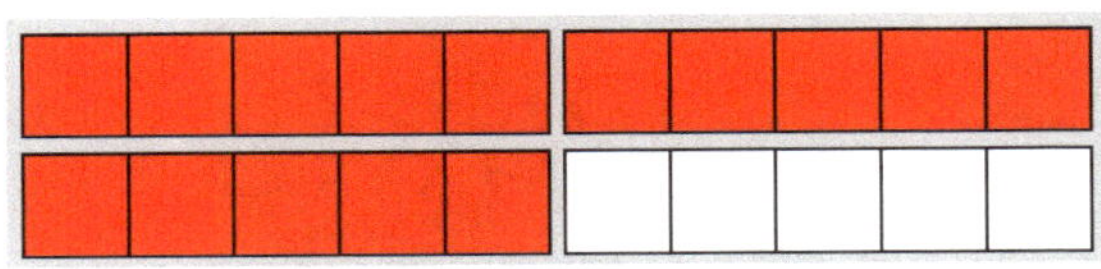

$15 - 9 = \square$

$15 - 5 - 4 = \square$

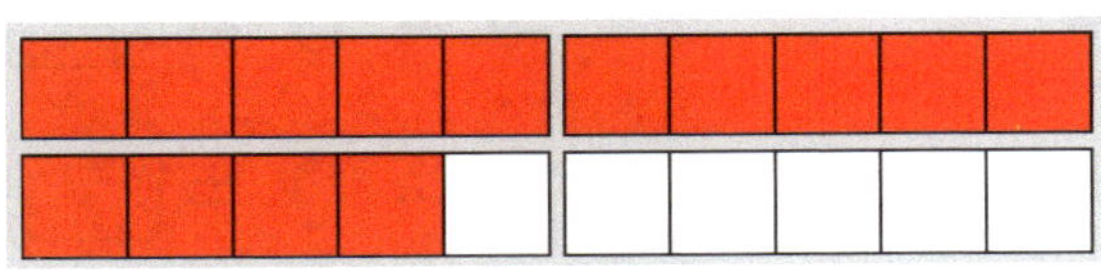

$14 - 5 = \square$

$14 - \square - \square = \square$

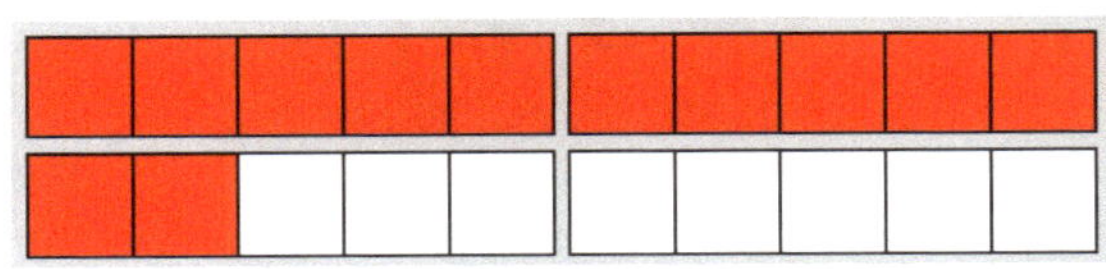

$12 - 3 = \square$

$12 - \square - \square = \square$

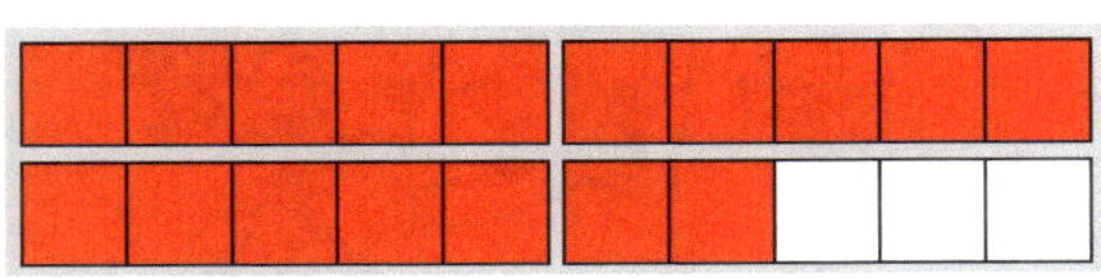

$17 - 8 = \square$

$17 - \square - \square = \square$

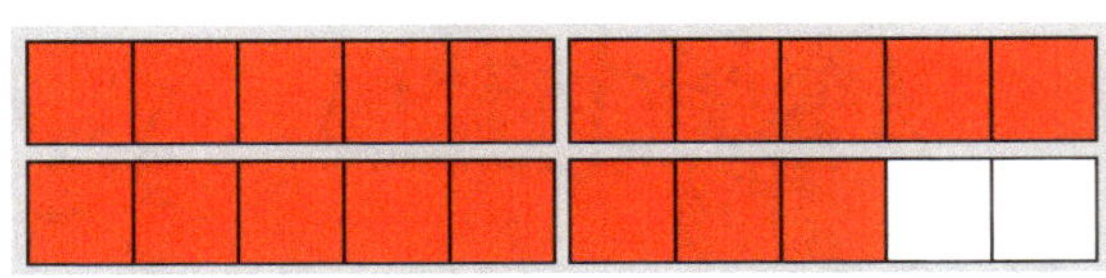

$18 - 9 = \square$

$18 - \square - \square = \square$

Didaktische Information
Handlungssequenz (legen, rausschieben, zeichnen, wegstreichen, aufschreiben)

Sprechen
Zum Zehner zurück und dann weiter.
11 minus 1 gleich 10.
10 minus 3 gleich 7.

► D 105/106
► KV 97

②

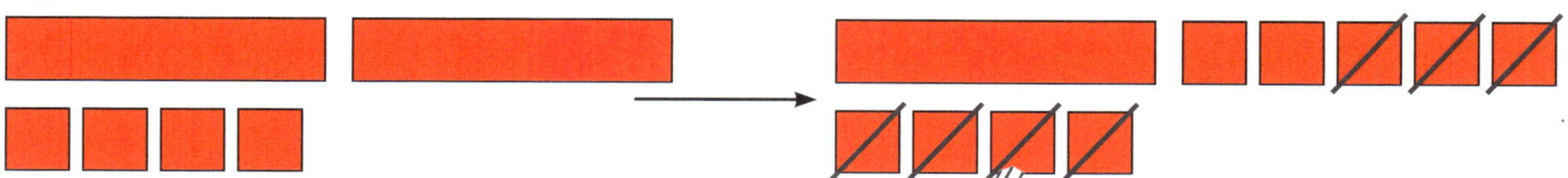

14 – 7 = ☐

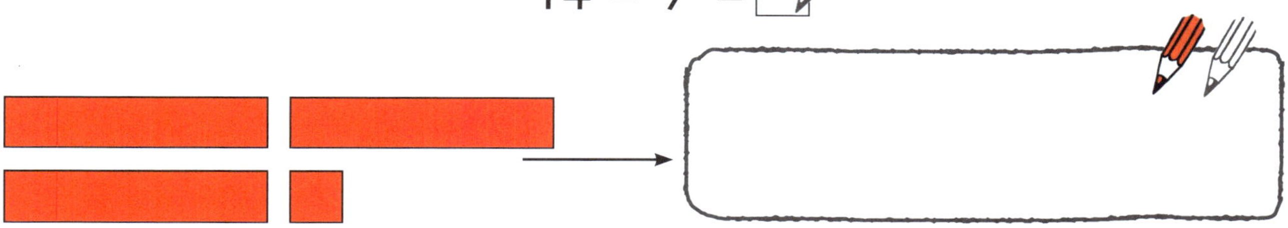

16 – 8 = ☐

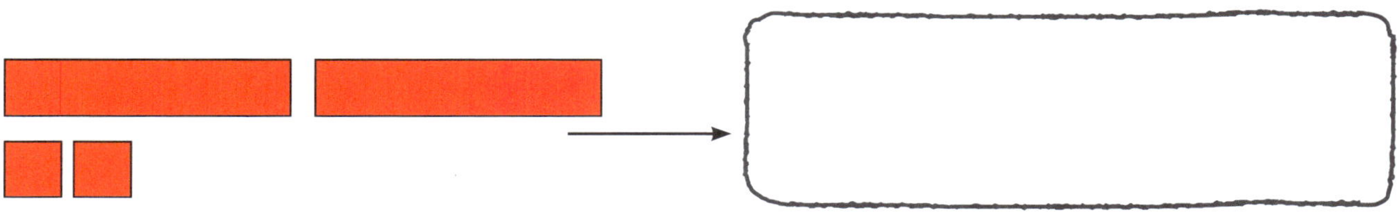

12 – 4 = ☐

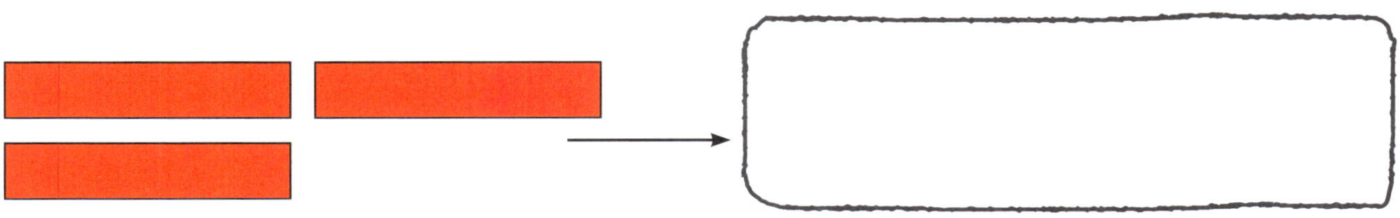

15 – 6 = ☐

Sprechen
Ich wechsle einen Fünferstreifen in 5 einzelne Plättchen.
13 minus 4 gleich 9.

Didaktische Information
Wechseln eines Fünfers in fünf einzelne Plättchen thematisieren

Halbierungsaufgaben

①

halbieren
die Hälfte
die Halbierungsaufgabe

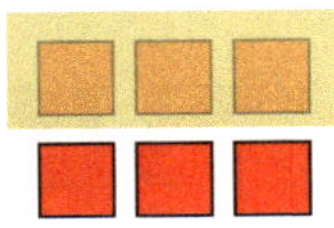

6 – 3 = ☐

6 = ☐ + ☐

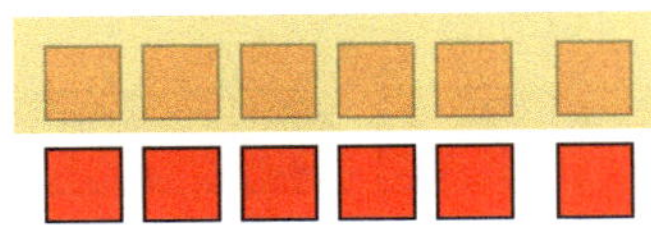

12 – 6 = ☐

12 = ☐ + ☐

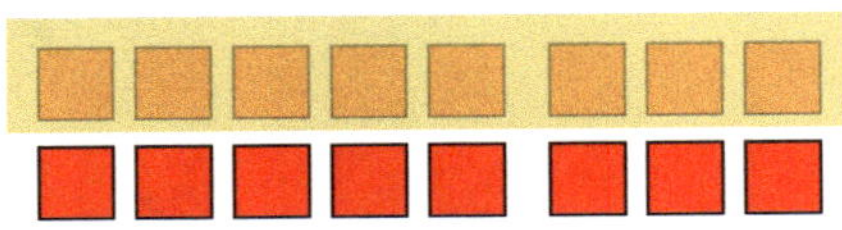

16 – 8 = ☐

16 = ☐ + ☐

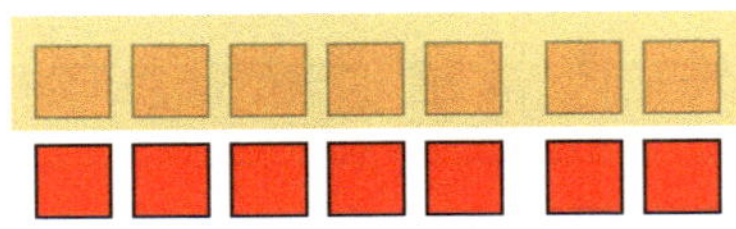

14 – ☐ = ☐

14 = ☐ + ☐

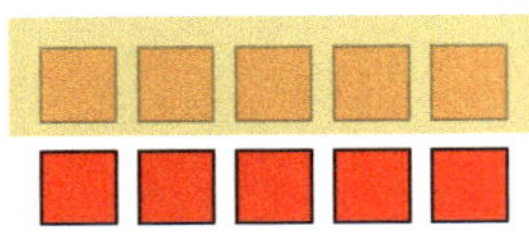

10 – ☐ = ☐

10 = ☐ + ☐

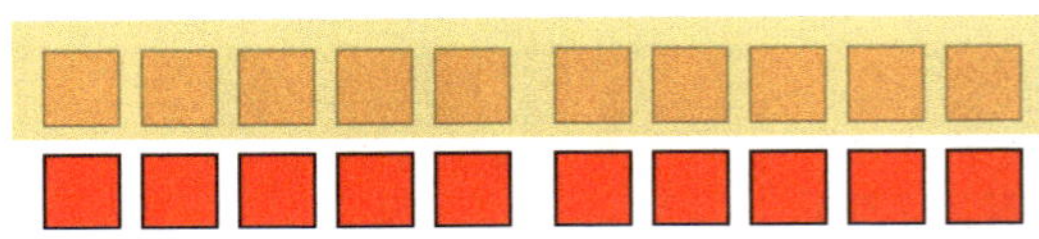

20 – ☐ = ☐

20 = ☐ + ☐

②

die Zahl	20	18	16	14	12	10	8	6	4	2	0
die Hälfte											

Didaktische Information
Strukturiertes Legen wegen der besseren Teilbarkeit; Zum Abdecken eignet sich Transparentpapier

Sprechen
8 ist das Doppelte von 4.
4 ist die Hälfte von 8, denn 4 plus 4 gleich 8.
! „denn" benutzen, weil bei „weil" ein Verb in der Endstellung kommen würde

▸D 107/108
▸KV 97

Mathe-
konferenz

1

12 – 8 = ☐

14 – 9 = ☐

11 – 6 = ☐

13 – 4 = ☐

Sprechen
… rechnet mit dem Zwanzigerfeld / mit der Einspluseintafel / mit den Fünferstreifen / mit den Partnerzahlen / mit den Halbierungsaufgaben.

Didaktische Information
Kinder beschreiben die Rechenwege der Buchkinder; Ein eigenes Lernplakat mit den Rechenwegen über den Zehner gestalten

Zehnerübergang

$17 - 9 = \square$

$16 - 7 = \square$

$15 - 8 = \square$

$11 - 7 = \square$

$14 - 5 = \square$

$12 - 3 = \square$

$15 - 9 = \square$

$18 - 9 = \square$

Didaktische Information
Kinder dazu anregen, verschiedene Rechenwege auszuprobieren; Diagnostischer Blick, welche Strategien die Kinder wählen und was sie sagen

Sprechen
Ich rechne wie … (Kind) / mit … (Material)

► KV 97–99

Umkehraufgaben

die Umkehraufgabe

14 – 8 = 6

6 + 8 = 14

1

16 – 9 = □	13 – 4 = □	11 – 8 = □
□ + 9 = □	□ + 4 = □	□ + 8 = □
13 – 5 = □	15 – 7 = □	12 – 3 = □
□ + 5 = □	□ + 7 = □	□ + 3 = □

2

□ – 9 = □	□ – □ = □	□ – □ = □
□ + 9 = 18	□ + 6 = 15	□ + 5 = 14
□ – □ = □	□ – □ = □	□ – □ = □
□ + 4 = 11	□ + 8 = 16	□ + 7 = 16

3

17 – □ = □	□ – 5 = □	□ – □ = 4
□ + □ = □	□ + □ = □	□ + □ = □
□ – □ = □	□ – □ = □	□ – □ = □
□ + □ = □	□ + □ = □	□ + □ = □

► D 109/110

Sprechen
6 plus 8 gleich 14 ist die Umkehraufgabe zu 14 minus 8 gleich 6. **!** Die Aufgabe kehrt sich um, d. h., die 6 wandert von hinten nach vorne und das Rechenzeichen kehrt sich um.

Didaktische Information
D Kinder können die Aufgaben zuerst im Zwanzigerfeld legen (Kartonbeilage) und gleiche Zahlen gleich anmalen

Aufgabenfamilien

①

7, 15, 8

☐ + ☐ = ☐
☐ + ☐ = ☐
☐ – ☐ = ☐
☐ – ☐ = ☐

8, 4, 12

☐ + ☐ = ☐
☐ + ☐ = ☐
☐ – ☐ = ☐
☐ – ☐ = ☐

14, 9, 5

☐ + ☐ = ☐
☐ + ☐ = ☐
☐ – ☐ = ☐
☐ – ☐ = ☐

die Tauschaufgabe
die Umkehraufgabe

②

17, 9, ☐

☐ + ☐ = ☐
☐ + ☐ = ☐
☐ – ☐ = ☐
☐ – ☐ = ☐

☐, 7, 16

☐ + ☐ = ☐
☐ + ☐ = ☐
☐ – ☐ = ☐
☐ – ☐ = ☐

8, 13, ☐

☐ + ☐ = ☐
☐ + ☐ = ☐
☐ – ☐ = ☐
☐ – ☐ = ☐

③

6 8 14 20

☐, ☐, ☐

☐ + ☐ = ☐
☐ + ☐ = ☐
☐ – ☐ = ☐
☐ – ☐ = ☐

☐, ☐, ☐

☐ + ☐ = ☐
☐ + ☐ = ☐
☐ – ☐ = ☐
☐ – ☐ = ☐

Didaktische Information
D Kinder können die Aufgaben zuerst im Zwanzigerfeld legen (Kartonbeilage) und gleiche Zahlen gleich anmalen

Sprechen
6 plus 8 gleich 14 ist die Tauschaufgabe zu 8 plus 6 gleich 14.
14 minus 8 gleich 6 ist die Umkehraufgabe zu 6 plus 8 gleich 14.

►D 109/110

Entdeckerpäckchen

①

die 1. Zahl		die 2. Zahl		das Ergebnis
14	–	9	=	☐
14	–	8	=	☐
14	–	7	=	☐
14	–	6	=	☐
14	–	5	=	☐

die 1. Zahl		die 2. Zahl		das Ergebnis
12	–	3	=	☐
12	–	4	=	☐
12	–	5	=	☐
12	–	☐	=	☐
12	–	☐	=	☐

②

11 – 5 = ☐

☐ – ☐ = ☐

☐ – ☐ = ☐

☐ – ☐ = ☐

☐ – ☐ = ☐

~~11 – 5~~

15 – 5

13 – 5

14 – 5

12 – 5

die 1. Zahl
die 2. Zahl
das Ergebnis
wird kleiner
wird größer
bleibt gleich

③

die 1. Zahl		die 2. Zahl		das Ergebnis
☐	–	☐	=	☐
☐	–	☐	=	☐
☐	–	☐	=	☐
☐	–	☐	=	☐
☐	–	☐	=	☐

die 1. Zahl		die 2. Zahl		das Ergebnis
☐	–	☐	=	☐
☐	–	☐	=	☐
☐	–	☐	=	☐
☐	–	☐	=	☐
☐	–	☐	=	☐

▸D 111/112
▸KV 100–102

Sprechen
Die 1./2. Zahl/Das Ergebnis bleibt immer gleich. Die 1./2. Zahl/Das Ergebnis wird immer um … größer/kleiner. D *Wenn …, dann…*

Didaktische Information
Struktur der Entdeckerpäckchen beschreiben lassen; D Eigene Entdeckerpäckchen erfinden und in ein Lerntagebuch schreiben

1 ⊕ oder ⊖?

8 ◯ 3 = 11	13 ◯ 4 = 9	12 ◯ 7 = 5
11 ◯ 8 = 3	9 ◯ 4 = 13	12 ◯ 5 = 7
3 ◯ 8 = 11	13 ◯ 9 = 4	7 ◯ 5 = 12
11 ◯ 3 = 8	4 ◯ 9 = 13	5 ◯ 7 = 12

2

14 + 2 = ☐	12 – 3 = ☐	17 – 2 = ☐
14 + 1 = ☐	9 + 4 = ☐	17 – 1 = ☐
14 + 0 = ☐	13 – 5 = ☐	17 – 0 = ☐
14 – 1 = ☐	8 + 6 = ☐	17 + 1 = ☐
14 – 2 = ☐	14 – 7 = ☐	17 + 2 = ☐
14 – 3 = ☐	7 + 8 = ☐	17 + 3 = ☐

3

12 – 6 = 6
13 – 6 = 7
14 – 6 = 8
15 – 6 = 9

Die 1. Zahl bleibt immer gleich.

Das Ergebnis wird immer um 1 größer.

Die 2. Zahl wird immer um 1 kleiner.

Die 1. Zahl wird immer um 1 größer.

16 + 4 = 20
16 + 3 = 19
16 + 2 = 18
16 + 1 = 17

Didaktische Information
Bei Plusaufgaben darfst du tauschen, bei Minusaufgaben nicht

Sprechen
8 plus 3 gleich 11.
11 minus 8 gleich 3.

④

15 – 8	12 – 8	11 – 5
4	16 – 9	8
13 – 7	6	11 – 7
7	10 – 6	16 – 8
17 – 10	15 – 9	8 – 0

⑤ ⧀ oder ⊜ oder ⧁?

19 – 4 ◯ 6	17 – 3 ◯ 15	12 – 6 ◯ 6
9 + 14 ◯ 14	17 – 13 ◯ 4	15 – 9 ◯ 10
19 – 14 ◯ 5	7 + 3 ◯ 9	13 + 7 ◯ 18

⑥

9 →(+4) 13 →(–6) ◯ →(+4) ◯ →(–2) ◯ →(+5) ◯ →(–6) ◯ →(+2) 10

5 →(+8) ◯ →(–4) ◯ → 16 →(+4) ◯ →(–13) ◯ →(–2) ◯ →(+10) ◯ →(–5) 10

◯ →(–7) 13 →(–5) ◯ → 4 →(+9) ◯ → 15 → 11 → ◯ → 10

Sprechen
13 minus 7 gleich 6.

Didaktische Information
Kettenaufgaben mit dem Ergebnis weiterrechnen;
D Eigene Kettenaufgaben erfinden und in ein Lerntagebuch schreiben

Rechenmauern

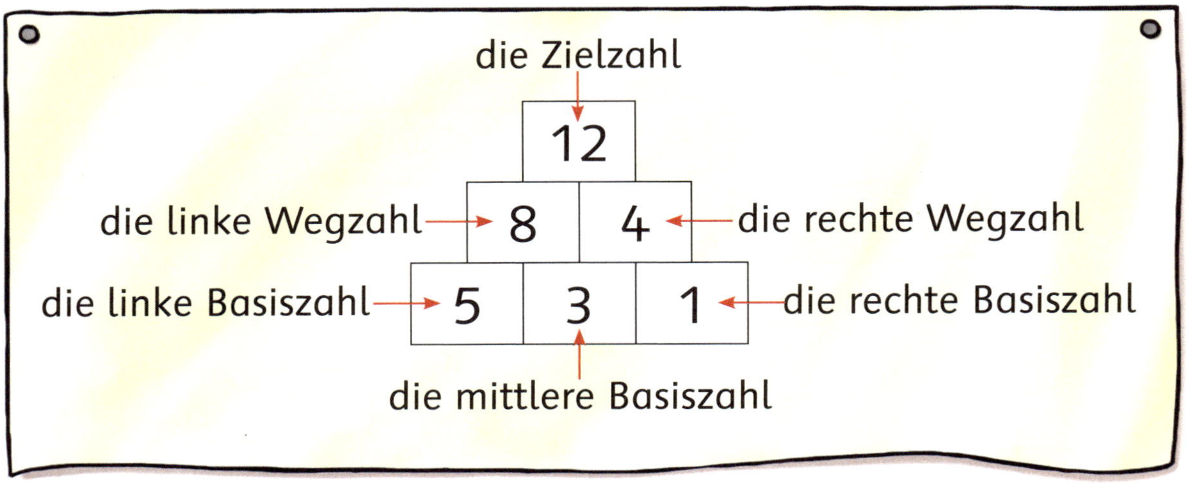

①

3	6	1

5	2	4

8	1	5

die Zielzahl
die linke Wegzahl
die rechte Wegzahl
die linke Basiszahl
die mittlere Basiszahl
die rechte Basiszahl

6	7	0

3	4	5

12	2	3

②

1	4	8

die linke Basiszahl ☐
die mittlere Basiszahl ☐
die rechte Basiszahl ☐
die linke Wegzahl ☐
die rechte Wegzahl ☐
die Zielzahl ☐

Didaktische Information
! Keine lineare Anordnung, keine Rechenzeichen, Ergebnis steht oben drüber; **D** Eigene Rechenmauern erfinden und in ein Lerntagebuch schreiben

Sprechen
Die linke Basiszahl ist 5. Die mittlere Basiszahl ist 3. Ich rechne 5 plus 3 gleich 8. Die mittlere Basiszahl ist 3. Die rechte Basiszahl ist 1. Ich rechne 3 plus 1 gleich 4. usw.

▸D 113/114
▸KV 104/105

3

	☐	
☐		☐
3	4	5

	☐	
☐		☐
5	4	3

	☐	
☐		☐
3	5	4

	☐	
☐		☐
4	5	3

	☐	
☐		☐
5	3	4

	☐	
☐		☐
4	3	5

4

	13	
☐		9
2	2	☐

	17	
8		☐
4	☐	5

	16	
☐		9
☐	3	☐

	11	
2		☐
☐	☐	9

	16	
☐		☐
4	4	4

	13	
6		☐
6	☐	7

5

	20	
☐		☐
☐	☐	☐

	20	
☐		☐
☐	☐	☐

	20	
☐		☐
☐	☐	☐

	20	
☐		☐
☐	☐	☐

	20	
☐		☐
☐	☐	☐

	20	
☐		☐
☐	☐	☐

▸ KV 104/105

Sprechen
Die Basiszahlen tauschen die Plätze.
Wenn 5 in der Mitte steht, ist die Zielzahl am größten.

Didaktische Information
Zahlenmauern mit Ergänzungs- und/oder Subtraktionsaufgaben lösen; Veränderungen in den Basiszahlen thematisieren; Wenn die mittlere Basiszahl die größte Zahl ist, wird die größte Zielzahl erreicht

Rechengeschichten

①

| 7 – 2 = 5 | 7 – 5 = 2 | 2 + 5 = 7 |

| 9 – 5 = 4 | 4 + 5 = 9 | 9 – 4 = 5 |

| 16 – 4 = 12 | 12 – 4 = 8 | 12 + 4 = 16 |

②

8 – 3 = 5

Didaktische Information
Operationsvorstellungen in vielfältiger Weise erarbeiten, „Was ist alles minus?" handelnd und gedanklich Minussituationen durchspielen; Kinder beschreiben Situationen

Sprechen
7 Blumen sind da. Emira pflückt 5 Blumen. 2 Blumen bleiben übrig. ❗ Wortbedeutungen klären (pflücken, wegnehmen, kaputt machen)
❗ Verbtrennung: wegnehmen – Ich nehme weg.

3

$10 - 2 = 8$	$2 + 8 = 10$	$8 - 2 = 6$	$8 + 2 = 10$

$4 + 15 = 19$	$19 - 4 = 15$	$15 + 4 = 19$	$15 - 4 = 11$

4

$6 - 2 = 4$ $4 + 2 = 6$

Sprechen
Auf dem Parkplatz stehen 10 Autos. 2 Autos fahren weg. 8 Autos bleiben übrig. (Subtraktion)
Auf dem Parkplatz stehen 8 Autos. 2 Autos kommen dazu. Zusammen sind es 10 Autos. (Addition)

Didaktische Information
Plus oder Minus? Situation deuten und beschreiben; Hier beides möglich; D Eigene Rechengeschichten erfinden und in ein Lerntagebuch schreiben

Das kann ich schon

① S. 66/67

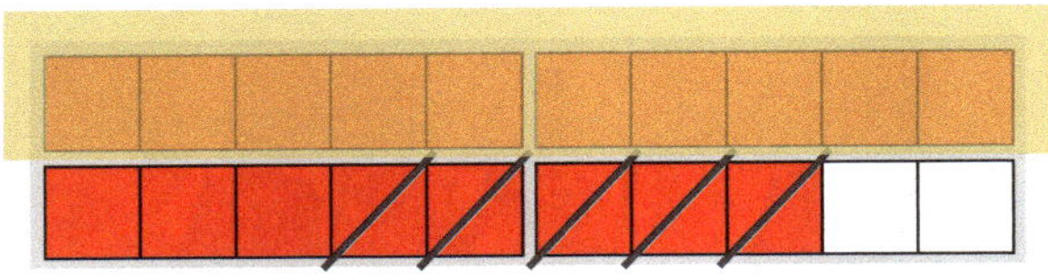

8 – 5 = ☐

18 – ☐ = ☐

☐ – ☐ = ☐ ☐ – ☐ = ☐ ☐ – ☐ = ☐

17 – 3 = ☐ 16 – 4 = ☐ ☐ – ☐ = ☐

② S. 68

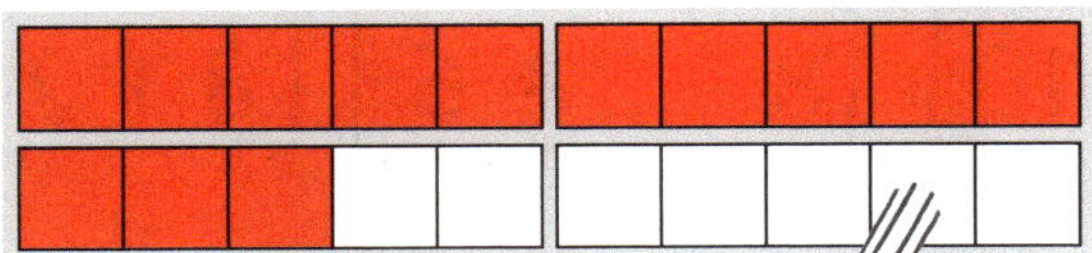

13 – 5 = ☐

13 – ☐ – ☐ = ☐

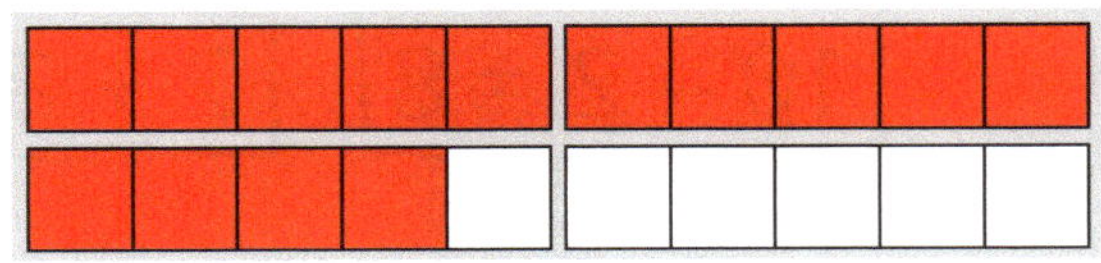

14 – 7 = ☐

14 – ☐ – ☐ = ☐

③ S. 70

die Zahl	8	14	10	6	16	2	20	4	18	12
die Hälfte										

④ S. 73

12 – 4 = ☐ 17 – 8 = ☐ 14 – 7 = ☐

☐ + 4 = ☐ ☐ + 8 = ☐ ☐ + 7 = ☐

⑤ S. 78/79

	☐	
☐		☐
4	2	8

	12	
3		☐
☐	2	☐

	18	
10		☐
☐	8	☐

Didaktische Information
Aufgaben zur Selbstüberprüfung und Selbsteinschätzung, zunächst noch stark durch die Lehrkraft gesteuert – später zunehmend als Selbstkontrolle/Selbsteinschätzung

▸KV 106–108

1

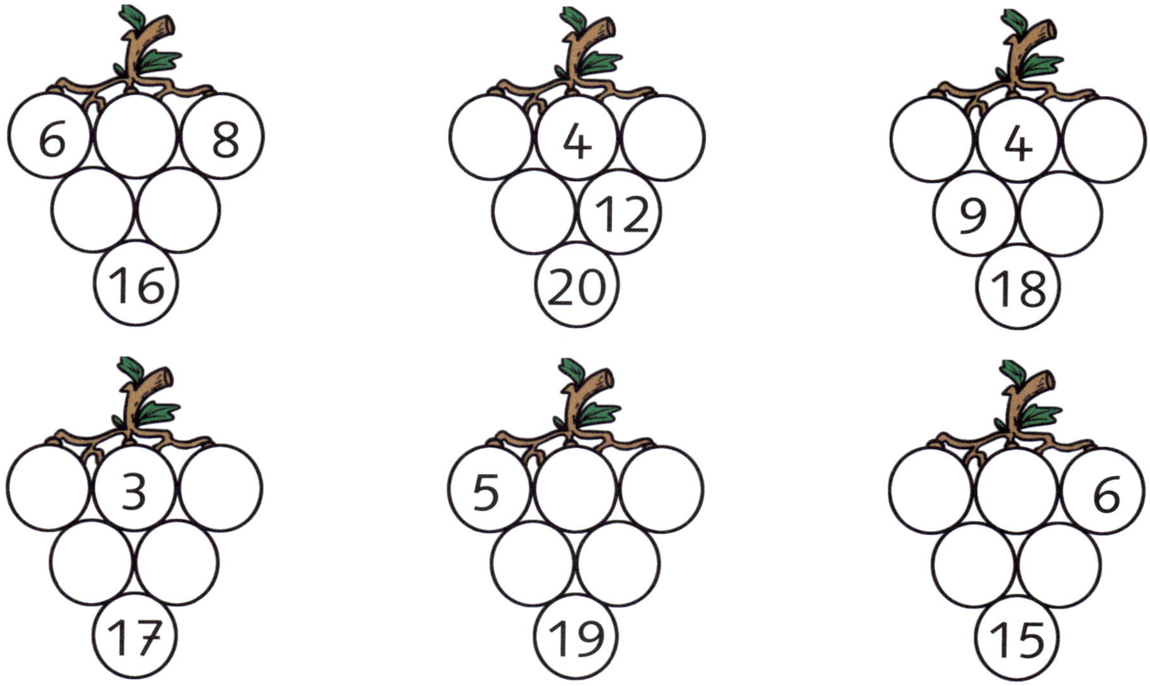

2

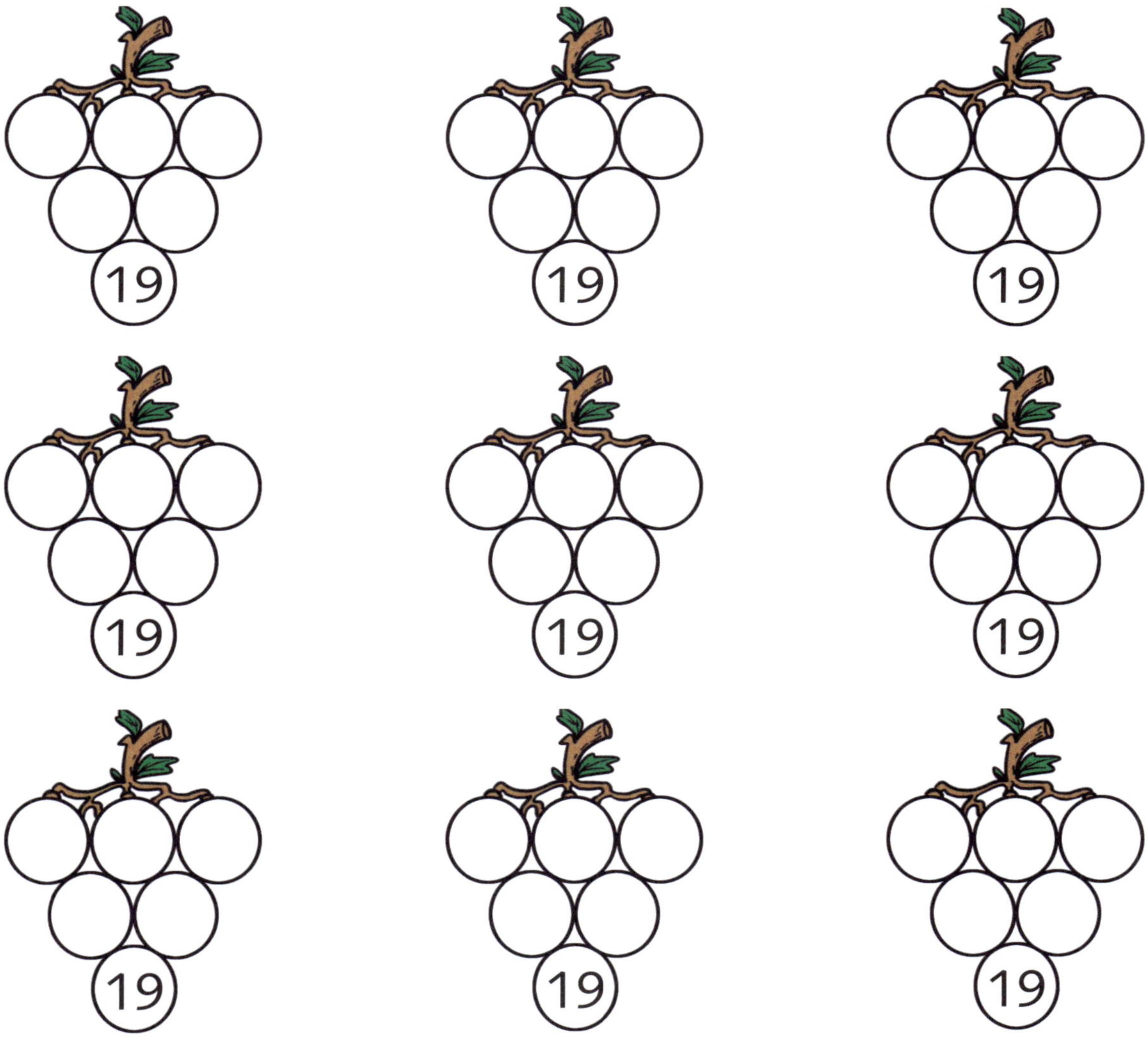

► KV 109

Didaktische Information
Anregungen zum Ausprobieren, Knobeln, Forschen und Entdecken mit Anforderungen, die über die der vorherigen Seiten hinausgehen;

D Eigene Rechentrauben erfinden und in ein Lerntagebuch schreiben

Unser Geld

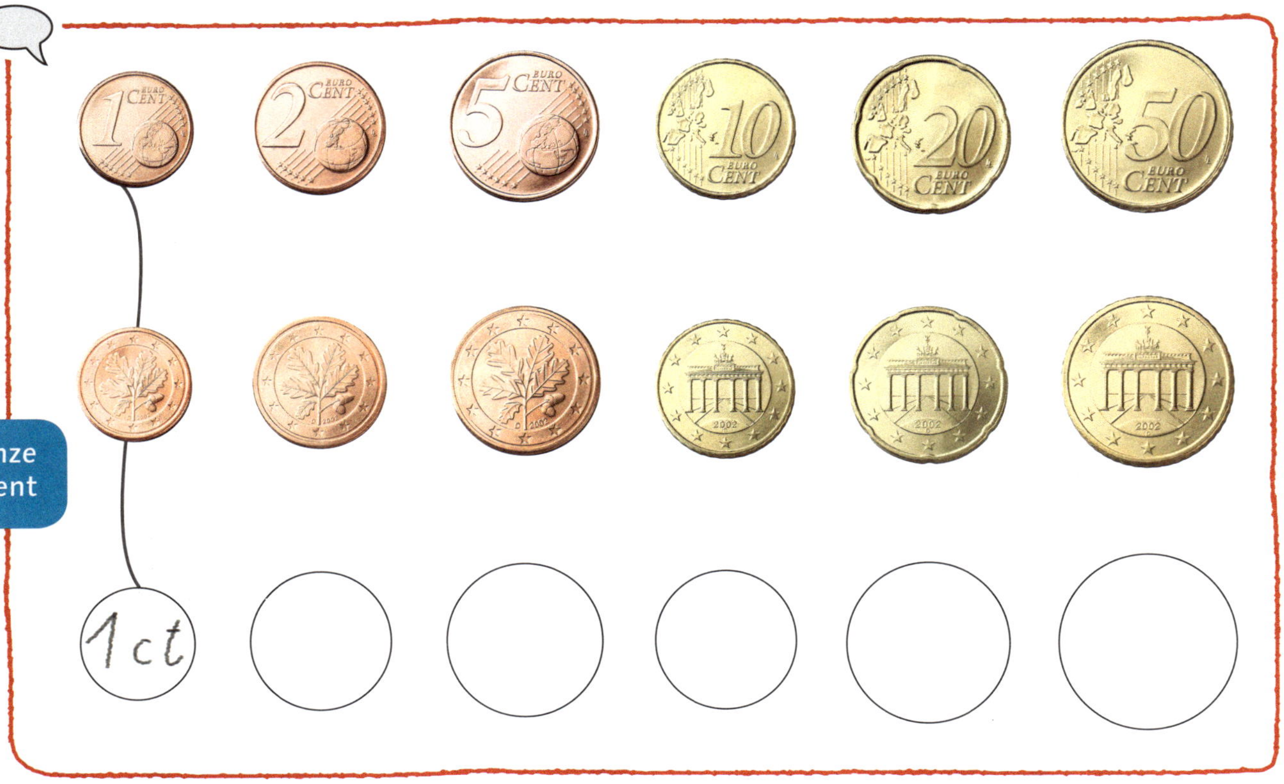

die Münze
der Cent

1

ct ct ct

Didaktische Information
Einführung der ct-Münzen und deren ikonischer Darstellung; Medienrecherche zu Cent-Münzen aus anderen Ländern

Sprechen
Ich sehe ...
Wiederholung der Begriffe Vorder- und Rückseite;
! Singular und Plural von Cent sind gleich

②

5 ct

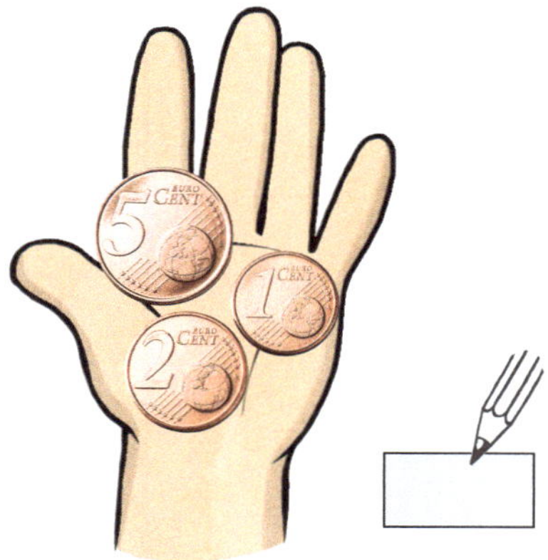

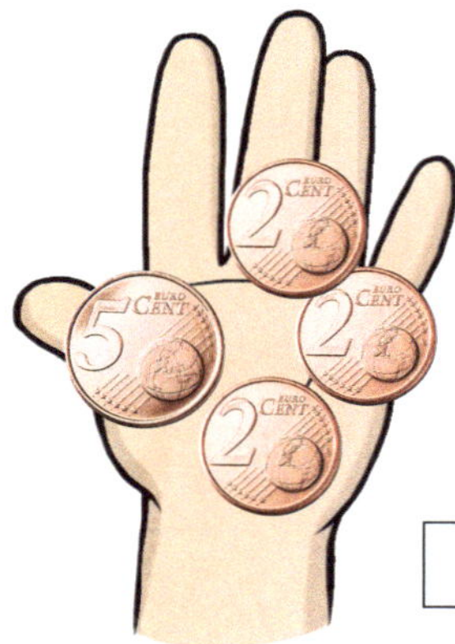

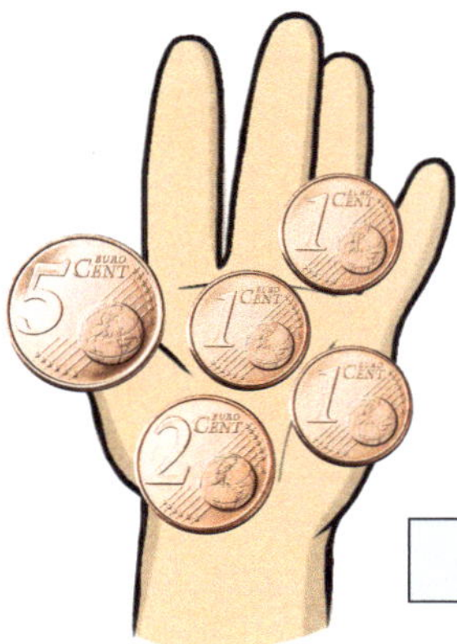

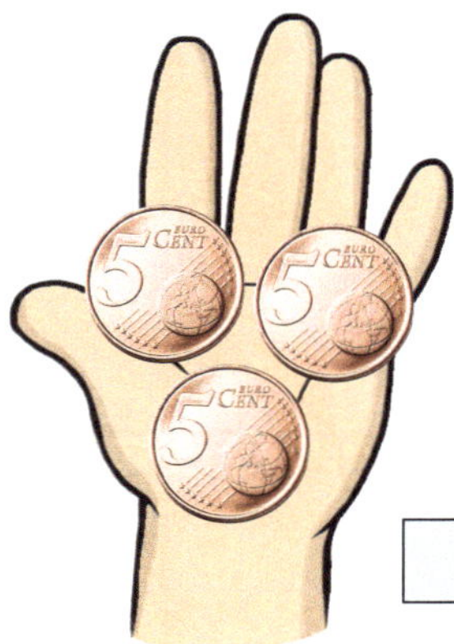

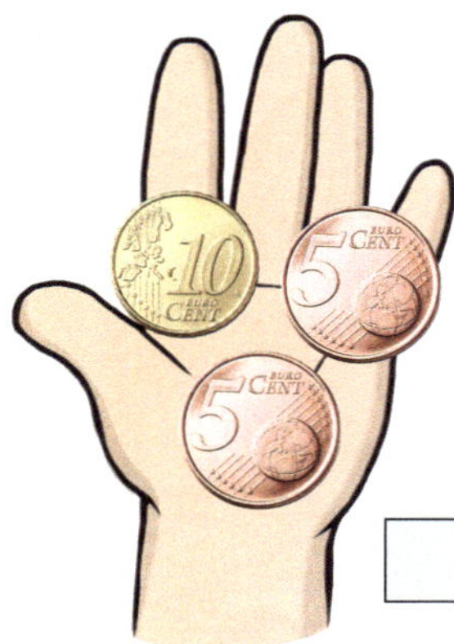

③

3 ct	9 ct	10 ct
13 ct	15 ct	18 ct
20 ct	20 ct	20 ct

Sprechen
Ich sehe …
! „Wie viel Cent siehst du?“; Vermeiden von undifferenziertem „Zähle das Geld.“

Didaktische Information
! Anzahl der Münzen entspricht nicht den Cent-Beträgen; Kinder mit Rechengeld legen lassen (Kartonbeilage)

Einkaufen

1

	10 ct + 2 ct = ☐	

Didaktische Information
Wiederholen des sprachlichen Begleitens der Handlungssequenz (Einkaufen mit Rechengeld spielen); Übertragen von Preisen in Rechnungen; Zuordnen von real möglichen Bezahlweisen

Sprechen
Ein Lolli kostet 10 ct. Ein Lolli und ein Bonbon kosten 12 ct. ! Wortklärung mit Genus: Esswaren mit bestimmtem und unbestimmtem Artikel benennen

► D 115/116
► KV 111

Euro oder Cent?

die Münze
der Cent
der Euro

① € oder ct?

 2 ct	 3	 20
 1	 5	 5
 10	 4	 4

② € oder ct?

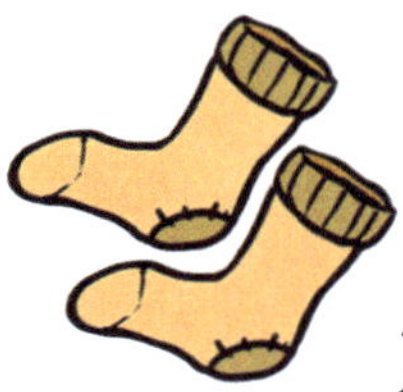 2	 1	 20
 19	 15	 17
 10	 2	 25

Sprechen
Kostet der Bonbon 2 € oder ct?
Der Bonbon kostet 2 ct.
Die Konjunktion „oder" erfordert eine Entscheidung, im Gegensatz zu „und"

Didaktische Information
Gegenüberstellung von Cent und Euro; Erstes Anbahnen von Stützpunktvorstellungen

Viele Möglichkeiten

1

		2€ + 1€ + 2€ = ☐	

Didaktische Information
Wiederholen des sprachlichen Begleitens der Handlungssequenz (Einkaufen mit Rechengeld spielen); Übertragen von Preisen in Rechnungen; Zuordnen von real möglichen Bezahlweisen

Sprechen
Ein Eis, ein Kaffee und ein Stück Kuchen kosten zusammen 5 €.
! Eis, Pommes, Kuchen, Kaffee bleiben im Plural ohne Veränderung

► D 117/118
► KV 112

Preise berechnen

1

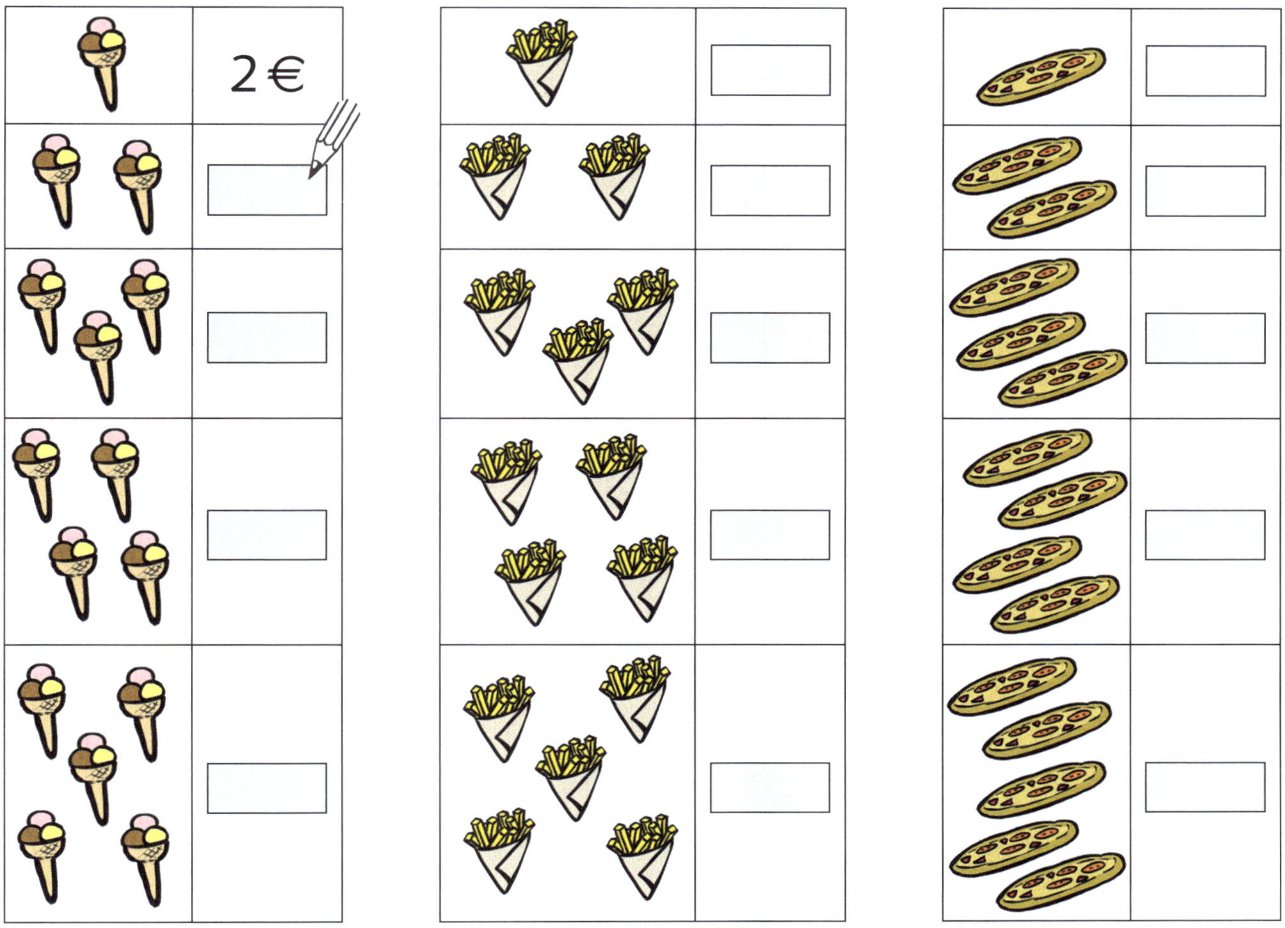

2

Sprechen
5 Eis kosten 10 €.
Der Vater und sein Sohn haben 20 €. Sie kaufen …

Didaktische Information
Nr. 1: die Tabellen regen das Nachdenken über funktionale Zusammenhänge an; Nr. 2: die offenen Aufgaben eignen sich zum Nachspielen bzw. zum Präsentieren

Das kann ich schon

1

S. 84

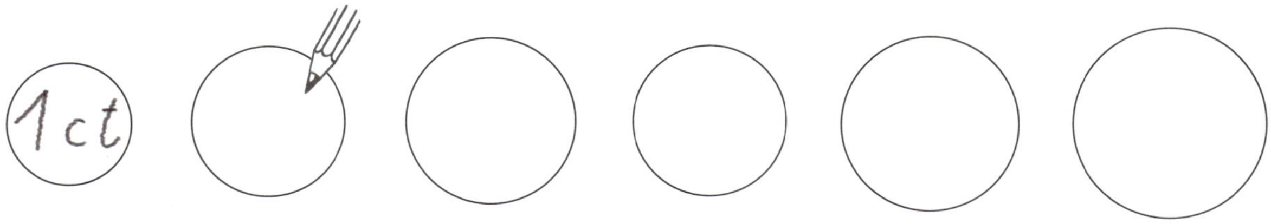

2

S. 85

3

S. 88

4

S. 89

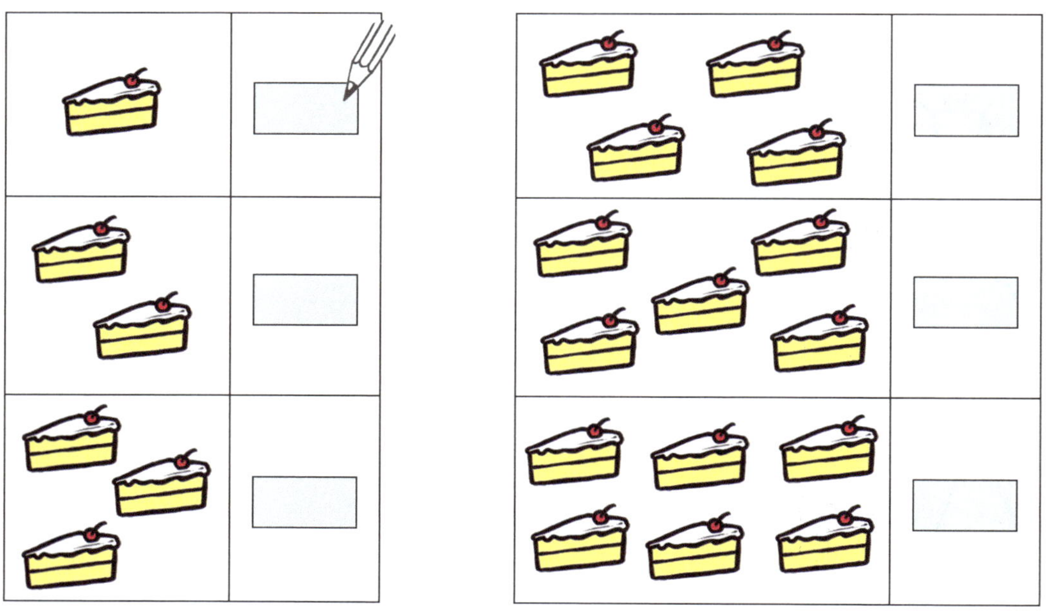

Didaktische Information
Aufgaben zur Selbstüberprüfung und Selbsteinschätzung, zunächst noch stark durch die Lehrkraft gesteuert – später zunehmend als Selbstkontrolle/Selbsteinschätzung

① Immer 10 ct!

	1
	2

Didaktische Information
Anregungen zum Ausprobieren, Knobeln, Forschen und Entdecken mit Anforderungen, die über die der vorherigen Seiten hinausgehen; Alle Möglichkeiten finden;

D Eigene Aufgaben erfinden und in ein Lerntagebuch schreiben

Uhren überall

①

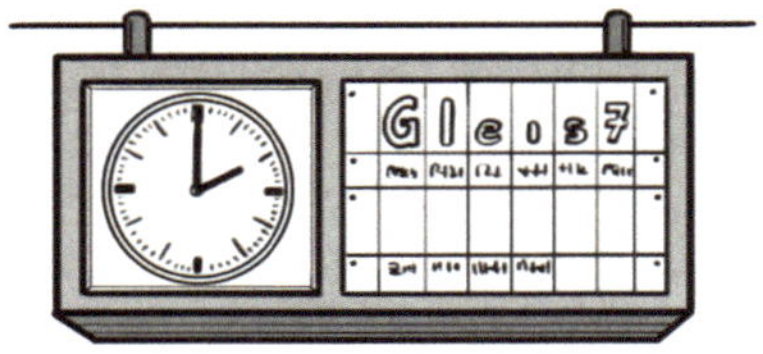

die Uhr
die Stunde
der lange Minutenzeiger
der kurze Stundenzeiger
das Ziffernblatt

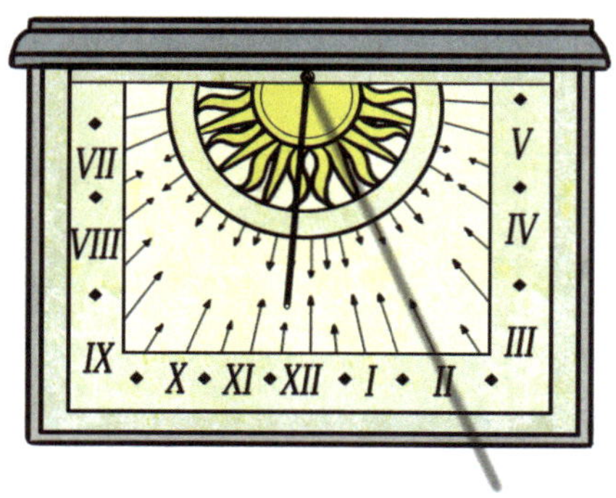

Didaktische Information
Uhren als Gerät zur Bestimmung von Zeitpunkt und Zeitspanne kennen lernen (Kartonbeilage Uhr); Nach Uhren in der Umwelt (Fotos) und in Medien suchen und damit ein Plakat gestalten

Sprechen
Der lange Minutenzeiger zeigt die Minuten an.
Der kurze Stundenzeiger zeigt die Stunden an.
Zur vollen Stunde zeigt der Minutenzeiger immer auf die 12.

▸KV 114–116

1

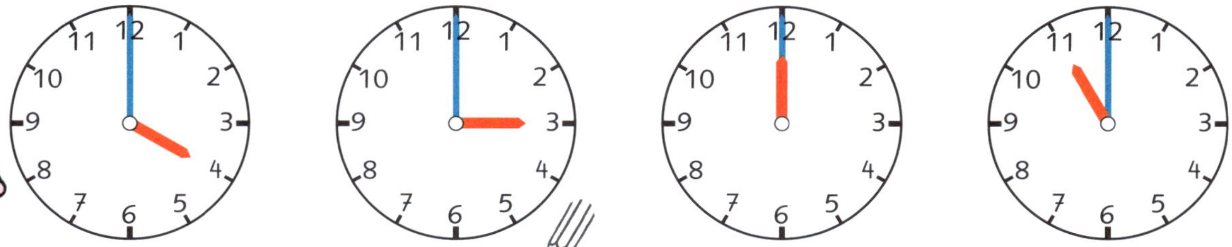

4 Uhr

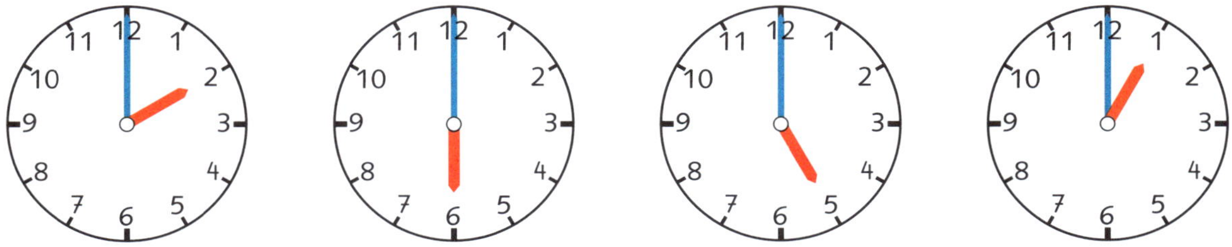

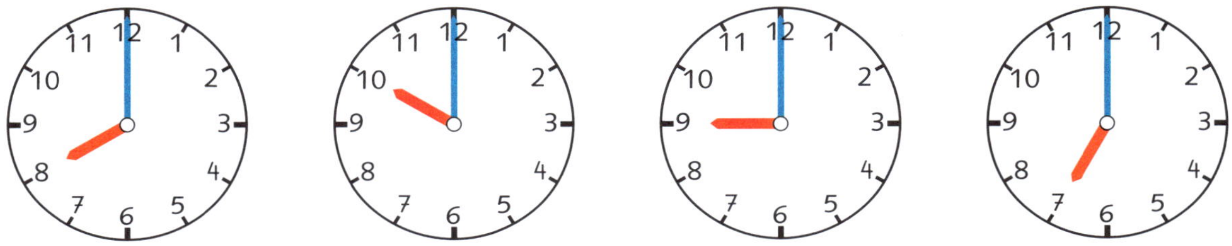

2

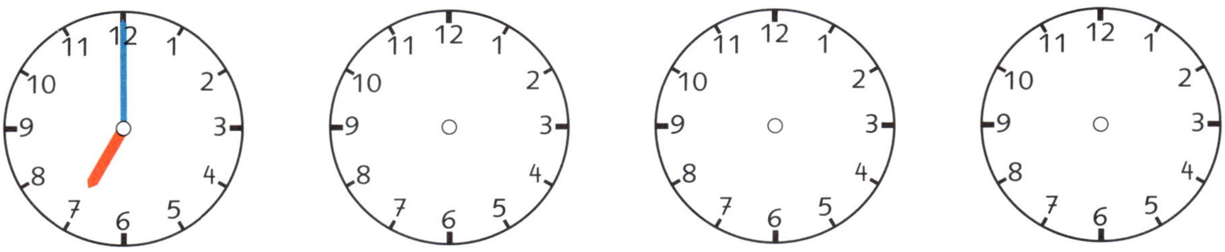

7 Uhr | 8 Uhr | 10 Uhr | 1 Uhr

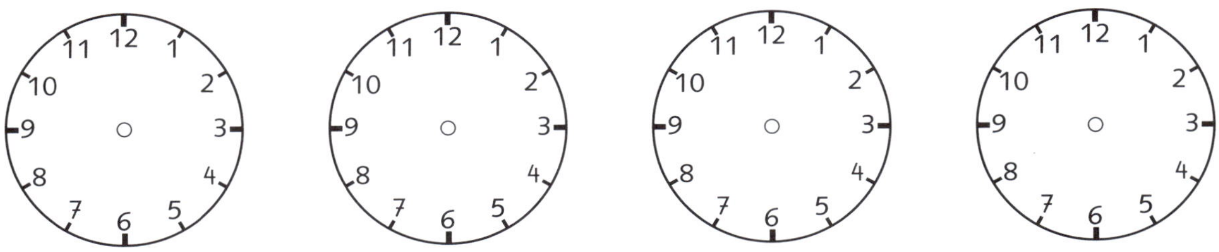

3 Uhr | 6 Uhr | 12 Uhr | 5 Uhr

▸D 121/122
▸KV 114–116

Sprechen
Wie spät ist es?
Es ist … Uhr.

Didaktische Information
Uhrzeiten der ersten Tageshälfte kennen lernen;
Uhrzeiten immer einstellen lassen (Kartonbeilage)

Uhrzeiten

①

10 Uhr	1 Uhr	2 Uhr	8 Uhr

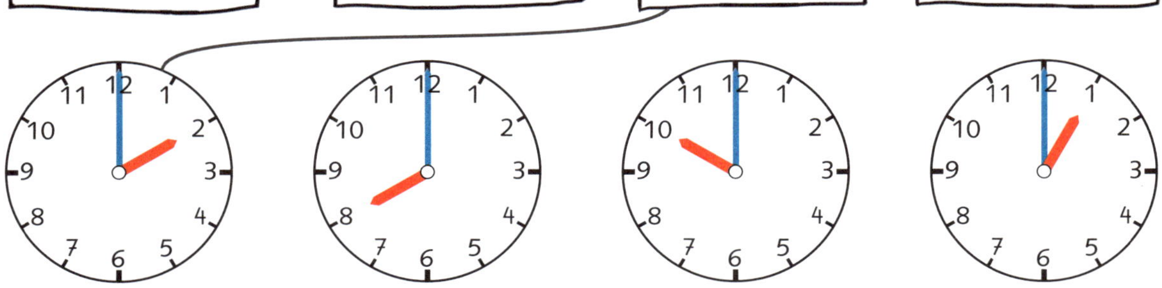

20 Uhr	14 Uhr	13 Uhr	22 Uhr

②

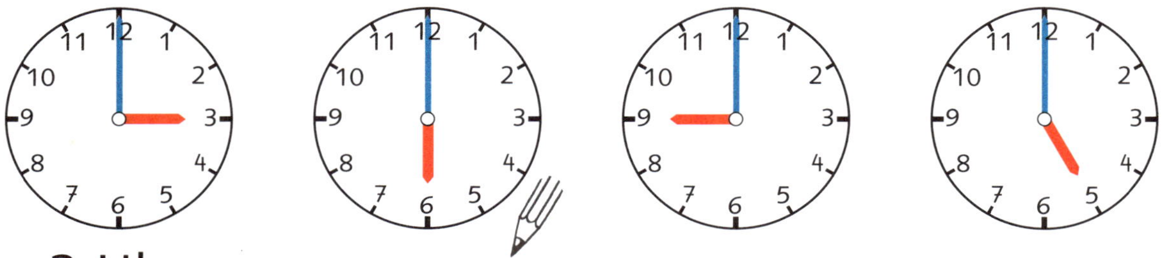

3 Uhr

15 Uhr

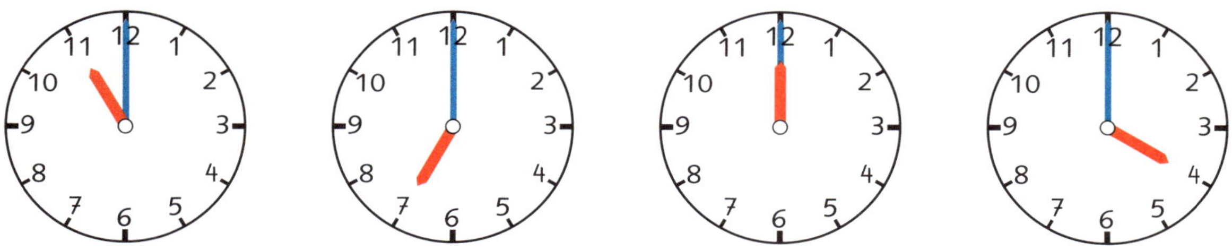

Didaktische Information
Uhrzeiten der zweiten Tageshälfte kennen lernen; Unterschied der beiden Tageshälften bewusst machen

Sprechen
Wie spät ist es?
Es ist 1 Uhr oder 13 Uhr.

▸D 121/122
▸KV 114–116

3

3 Uhr
~~14 Uhr~~
15 Uhr

20 Uhr
8 Uhr
21 Uhr

13 Uhr
2 Uhr
14 Uhr

10 Uhr
11 Uhr
23 Uhr

4

Sprechen
Es ist 3 Uhr oder 15 Uhr.

Didaktische Information
Unterschiede zwischen Analoguhr und Digitaluhr kennen lernen

Tagesablauf

①

Timo | ich

morgens
mittags
abends
nachts

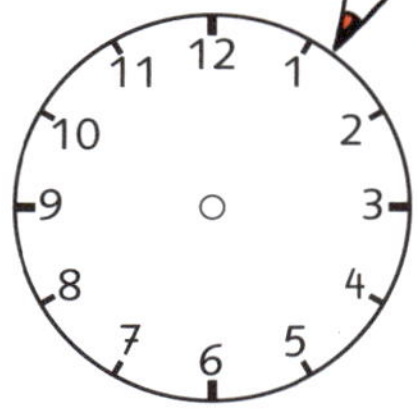

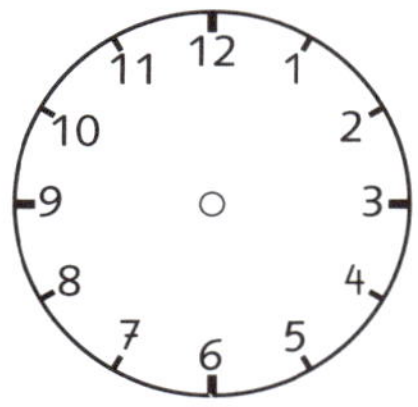

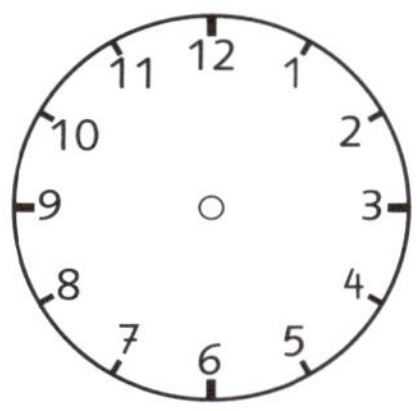

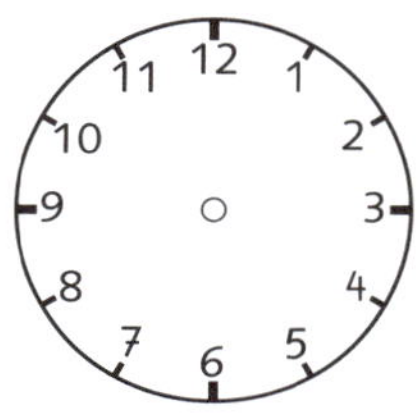

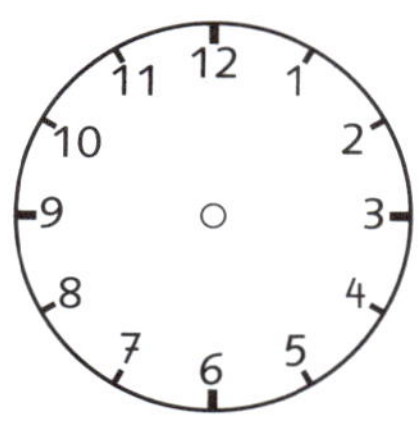

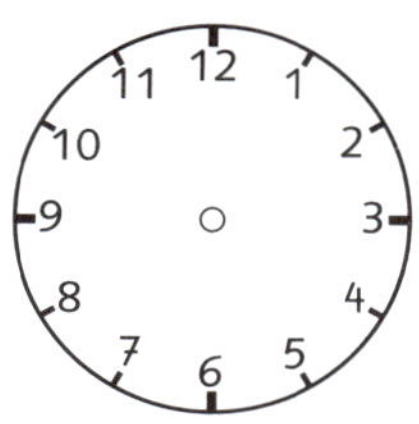

Didaktische Information
Eigenen Tagesablauf kennen und strukturieren; Tagesaktivitäten benennen und Tätigkeiten einer Uhrzeit zuordnen; D Begriffe vormittags/nachmittags

Sprechen
Was macht Timo (morgens) um 7 Uhr?
Timo steht um 7 Uhr auf.
Was machst du (abends) um 20 Uhr?
Ich gehe um 20 Uhr schlafen.

▸D 123/124
▸KV 117

Name: Emira Klasse: 1 A

	Montag	Dienstag	Mittwoch	Donnerstag	Freitag
1. Stunde	A B	1 2 3	HELLO !	A B	HELLO !
2. Stunde	1 2 3	A B	A B	1 2 3	1 2 3
3. Stunde			1 2 3		A B
4. Stunde					
5. Stunde			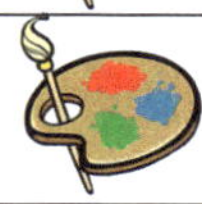		

1

1 2 3	Montag	Dienstag	Mittwoch	Donnerstag	Freitag
	Montag	Dienstag	Mittwoch	Donnerstag	Freitag
	Montag	Dienstag	Mittwoch	Donnerstag	Freitag
HELLO !	Montag	Dienstag	Mittwoch	Donnerstag	Freitag

2

A B	1 2 3					HELLO !

5						

3

	Freitag
	Sonntag
	Mittwoch
	Samstag
1.	Montag
	Dienstag
	Donnerstag

▸D 123/124

Sprechen
Wie heißen die Wochentage?
An welchen Tagen hast du Deutschunterricht?
Wie viele Deutschstunden hast du in einer Woche?
Welcher Tag kommt vor/nach dem …?

Didaktische Information
Reihenfolge der Wochentage kennen lernen; Ein Plakat mit dem eigenen Tagesablauf oder Wochenplan erstellen

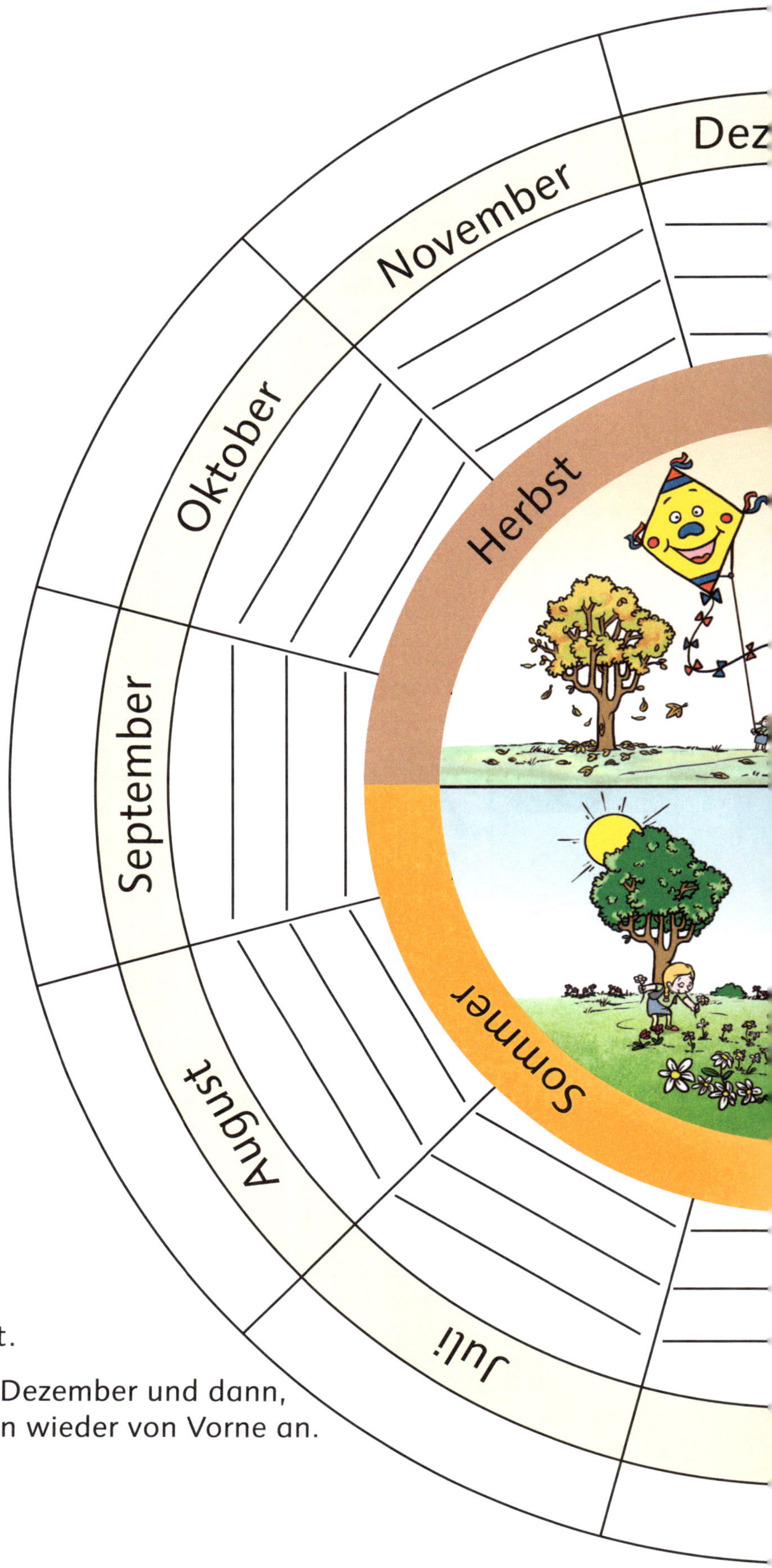

der Winter
der Frühling
der Sommer
der Herbst
das Jahr
die Jahreszeiten

Die Jahresuhr

Januar, Februar, März, April,
die Jahresuhr steht niemals still.

Mai, Juni, Juli, August,
weckt in uns allen die Lebenslust.

September, Oktober, November, Dezember und dann,
und dann, fängt das Ganze schon wieder von Vorne an.

Rolf Zuckowski

Didaktische Information
Lernen, sich im Jahresverlauf zu orientieren (Jahreszeiten/Monate); Ordnungszahlen in Verbindung mit den Monaten kennen lernen

Sprechen
Wie heißen die Jahreszeiten? Die Jahreszeiten heißen Winter, Frühling, Sommer und Herbst. Wie heißen die Monate? Die Monate heißen Januar, Februar …

►KV 118–120

►KV 118–120

Sprechen
Wie heißt der erste Monat (des Jahres)?
Der erste Monat (des Jahres) heißt Januar.
In welchem Monat hast du Geburtstag?
Ich habe im Mai Geburtstag.

Didaktische Information
Ein Plakat mit einem Jahreskreis für die eigene Klasse erstellen

Das kann ich schon

1

S. 92–94

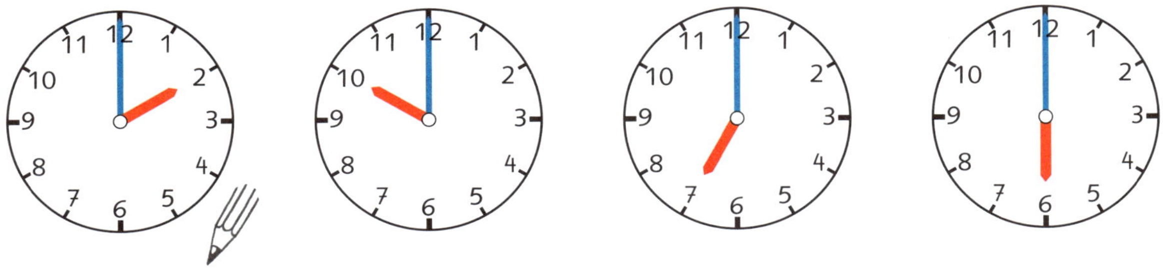

2

S. 92–94

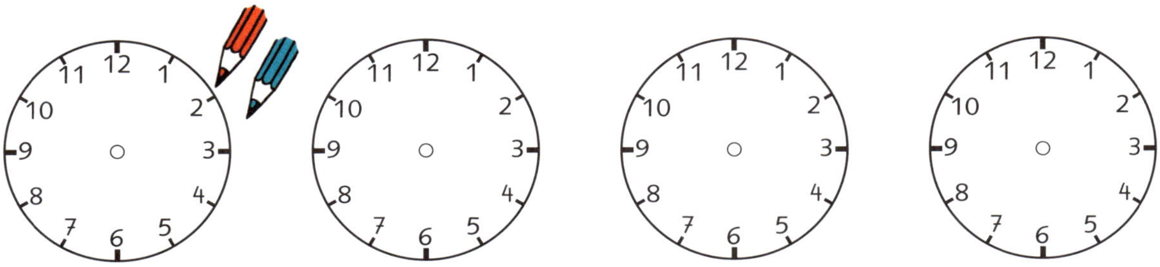

7 Uhr	21 Uhr	3 Uhr	17 Uhr

3

S. 97

Montag →		→ Mittwoch
Donnerstag →	Freitag →	
	→ Samstag →	Sonntag

4

S. 98/99

April →		→ Juni
September →	Oktober →	
	→ Februar →	März

Didaktische Information
Aufgaben zur Selbstüberprüfung und Selbsteinschätzung, zunächst noch stark durch die Lehrkraft gesteuert – später zunehmend als Selbstkontrolle/Selbsteinschätzung

Sprechen
Zwischen dem … und dem … ist der … (Wochentag/Monat.
D *Vor dem … kommt der …*
Nach dem … kommt der …

Forscherseite

1

☐ Uhr

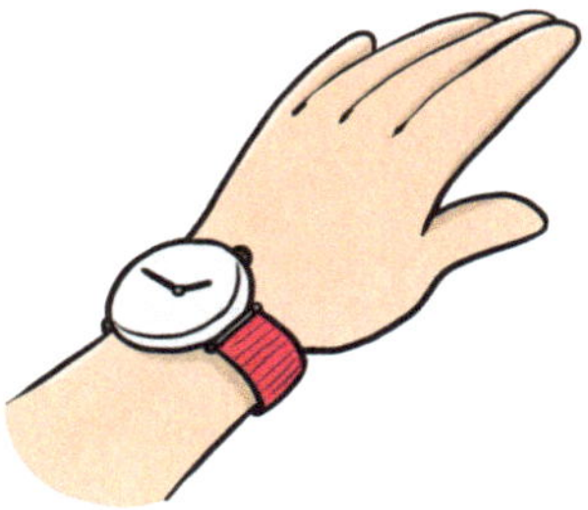

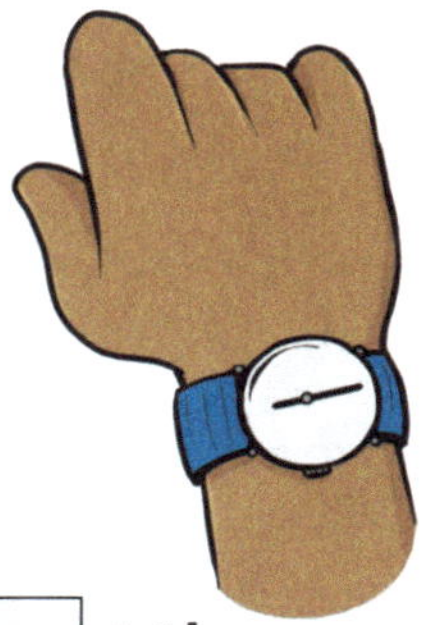

☐ Uhr

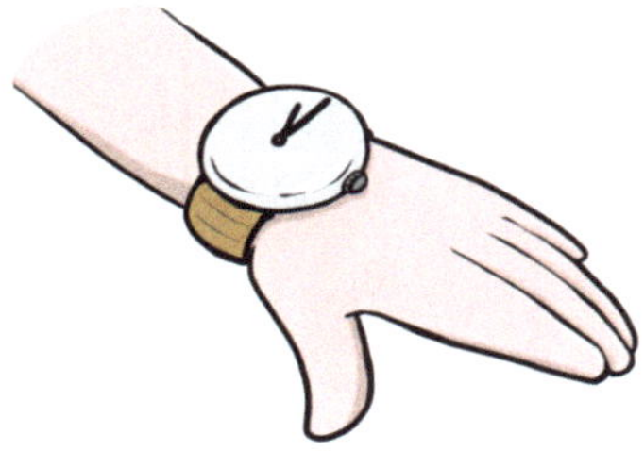

☐ Uhr

2

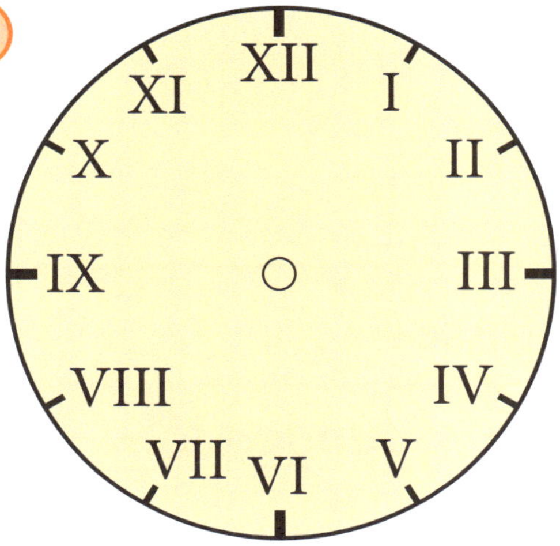

I =	Uhr	VII =	
II =		VIII =	
III =		IX =	
IV =		X =	
V =		XI =	
VI =		XII =	

3

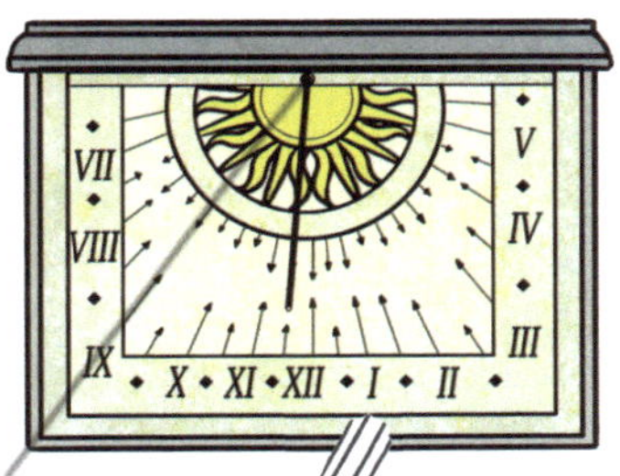

☐ Uhr

☐ Uhr

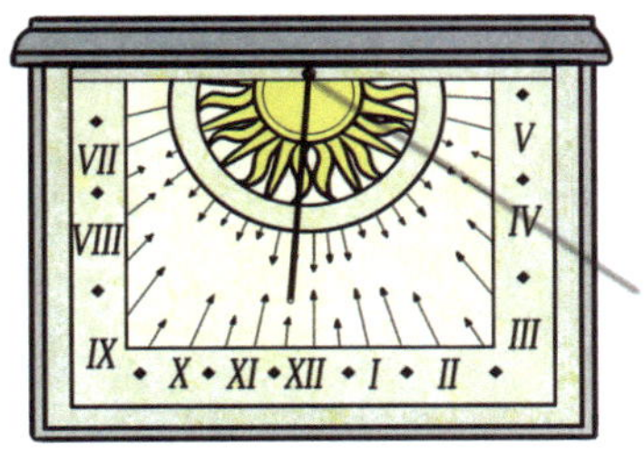

☐ Uhr

4 Vergleiche die beiden Uhren. Was fällt dir auf?

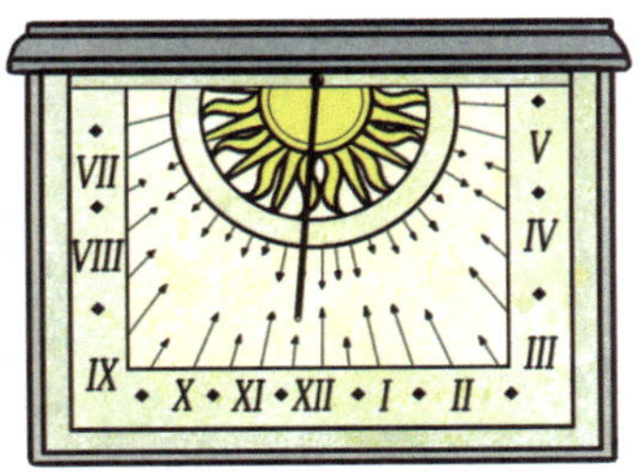

Didaktische Information
Anregungen zum Ausprobieren, Knobeln, Forschen und Entdecken mit Anforderungen, die über die der vorherigen Seiten hinausgehen

Daten sammeln

1 Wie viele Kinder sind in der Klasse?

die Strichliste

Mädchen	Jungen
𝍸 𝍸	

2 Male für jedes Kind ein Kästchen aus.

Mädchen					■	■	■														
Jungen					■	■	■														

3 Meine Klasse.

Mädchen	Jungen

Mädchen																					
Jungen																					

Didaktische Information
Daten mit Lebensweltbezug für Kinder erheben; Strichlisten erstellen (Anzahl der Mädchen und Jungen in der Klasse, im Jahrgang) und anschließend in eine andere Darstellung übertragen

Sprechen
Wie viele Mädchen und Jungen sind in der Klasse?
In der Klasse sind … Mädchen und … Jungen.

▸D 125/126
▸KV 121

④ Meine Klasse.

Alter	Strichliste	Zahl
6 Jahre		
7 Jahre		
8 Jahre		

⑤

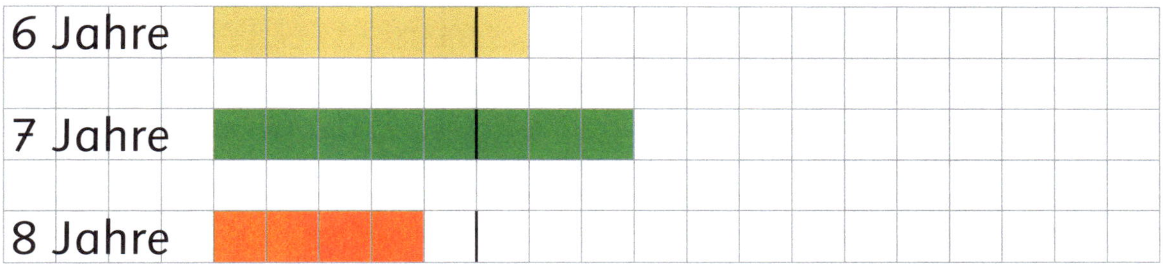

Wie viele Kinder sind 6 Jahre alt?

☐ Kinder sind 6 Jahre alt.

Wie viele Kinder sind 7 Jahre alt?

☐ Kinder sind 7 Jahre alt.

Wie viele Kinder sind 8 Jahre alt?

☐ Kinder sind 8 Jahre alt.

Wie viele Kinder sind in der Klasse?

☐ Kinder sind in der Klasse.

▸KV 121

Sprechen
Wie viele Kinder sind 6 Jahre alt? 6 Kinder sind 6 Jahre alt.
D *Die meisten / wenigsten Kinder sind ... Jahre alt.*

Didaktische Information
Verschiedene Darstellungsweisen von Daten thematisieren, bspw. „In welchen Darstellung kannst du schnell „ablesen“, wo die meisten Kinder sind?“; Plakat mit einem Diagramm erstellen

Daten sammeln

①

	Strichliste	Zahl
Schokoladeneis	𝍸 𝍸	
Erdbeereis	||||	
Vanilleeis		6

② Meine Klasse.

	Strichliste	Zahl
Schokoladeneis		
Erdbeereis		
Vanilleeis		

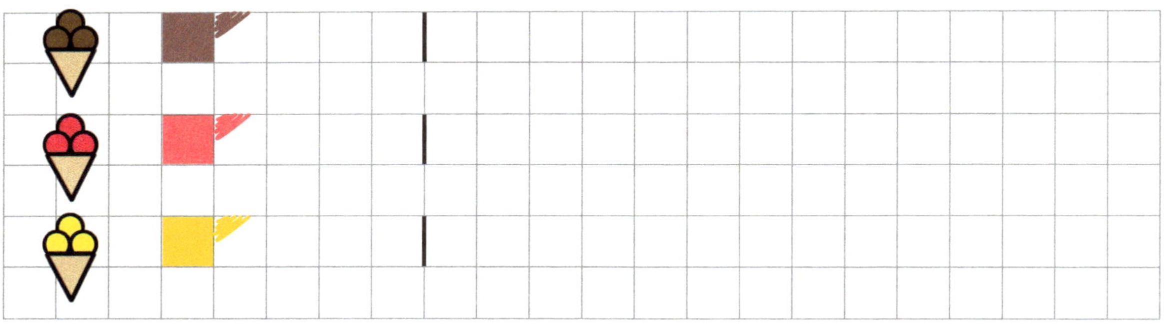

Wie viele Kinder mögen Schokoladeneis?

☐ Kinder mögen Schokoladeneis.

Wie viele Kinder mögen Erdbeereis?

☐ Kinder mögen Erdbeereis.

Wie viele Kinder mögen Vanilleeis?

☐ Kinder mögen Vanilleeis.

Didaktische Information
Strichliste Fünferbündelung thematisieren; Gesprächsanlass „Warum ist es gut Fünferpäckchen aufzuschreiben?" „In welcher Tabelle kannst du schnell „ablesen" wie viele Kinder es sind?"

Sprechen
Wie viele Kinder mögen Schokoeis?
10 Kinder mögen Schokoeis.
D *Die meisten Kinder mögen …, Die wenigsten Kinder mögen …, Ich mag …*

▸KV 121

1

Sprechen
Wie hast du die verschiedenen Möglichkeiten gefunden? Ich habe erst …, dann …

Didaktische Information
Kinder lösen Aufgaben immer zunächst handelnd; Über Vorgehensweisen (Strategien) sprechen, dann Möglichkeiten im Buch ausmalen lassen

Kombinieren

1

2 Nimm 5 rote und 5 blaue Steine. Probiere aus.

Didaktische Information
Legosteine, Steckwürfel oder Plättchen (Kartonbeilage) nutzen; Wortkarten (1., 2., 3., 4. Stein) ermöglichen eine eindeutige Zuordnung im Gespräch

Sprechen
Ich habe verschiedene Türme gefunden.
Der 1., 2., 3., 4. Stein ist rot/blau.
Erkläre, wie du die verschiedenen Möglichkeiten gefunden hast.

►D 127/128

Zufall

nie
selten
häufig
häufiger
immer

① Kreuze an. X

- [ ] Rot gewinnt häufig.
- [ ] Gelb gewinnt selten.
- [ ] Blau gewinnt nie.
- [ ] Grün gewinnt selten.

②

1.

- [ ] Rot gewinnt nie.

2.

- [ ] Rot gewinnt häufig.

3.

- [ ] Rot gewinnt selten.

► KV 123/124

Sprechen
Wie wahrscheinlich ist es, dass rot gewinnt?
Rot gewinnt nie / selten / häufig / immer.
! Wortbedeutungen am Beispiel des Glücksrades klären ! häufig – Rot gewinnt häufiger

Didaktische Information
Glücksrad herstellen und spielen; Unterrichtsgespräch über Gewinnchancen mit den Begriffen (nie, selten, häufig, immer), Begründungen der Kinder erfragen

Das kann ich schon

1

S.104

8 Kinder mögen 

9 Kinder mögen 

7 Kinder mögen 

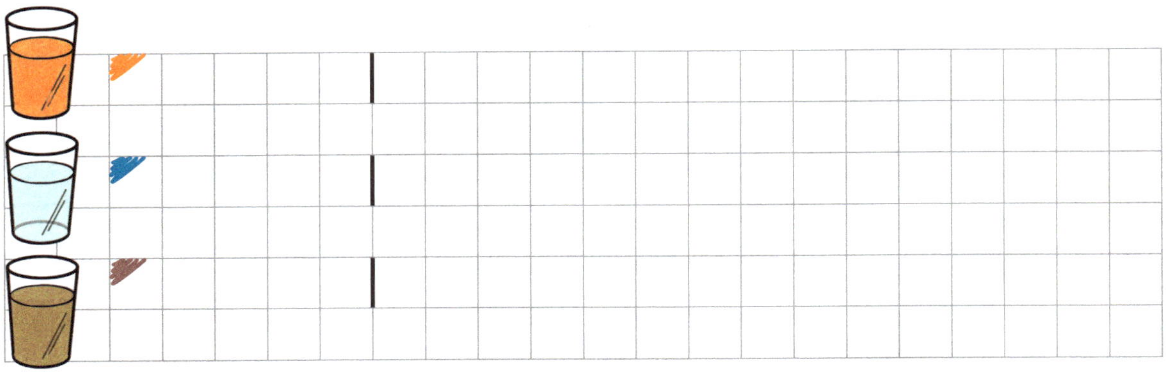

2

S. 107

Kreuze an. X

- [ ] Blau gewinnt häufig.
- [ ] Gelb gewinnt nie.
- [ ] Rot gewinnt selten.
- [ ] Blau gewinnt immer.

- [ ] Rot gewinnt manchmal.
- [ ] Gelb gewinnt selten.
- [ ] Blau gewinnt nie.
- [ ] Gelb gewinnt häufig.

Didaktische Information
Aufgaben zur Selbstüberprüfung und Selbsteinschätzung, zunächst noch stark durch die Lehrkraft gesteuert – später zunehmend als Selbstkontrolle/Selbsteinschätzung

Forscherseite

1

2

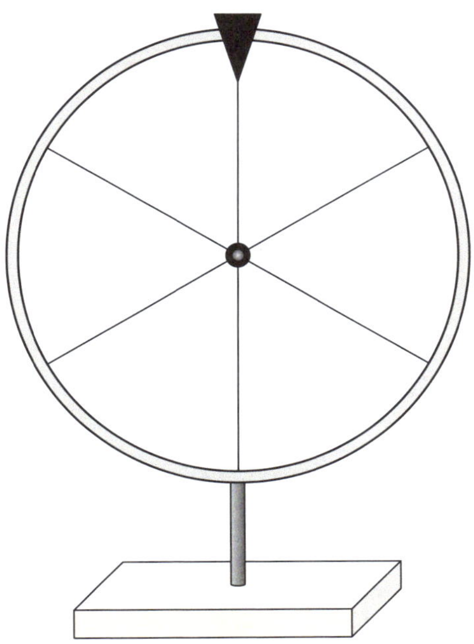

Rot gewinnt häufig.

Blau gewinnt selten.

Gelb gewinnt nie.

Didaktische Information
Anregungen zum Ausprobieren, Knobeln, Forschen und Entdecken mit Anforderungen, die über die der vorherigen Seiten hinausgehen;

D Eigene Aufgaben erfinden und in ein Lerntagebuch schreiben

Basiswissen

S. 40
Plusaufgaben mit Zehnerübergang

S. 68
Minusaufgaben mit Zehnerübergang

S. 38
Nachbaraufgaben

Verdoppelungsaufgaben

Halbierungsaufgaben

S. 35 und 70

Körper

S. 54

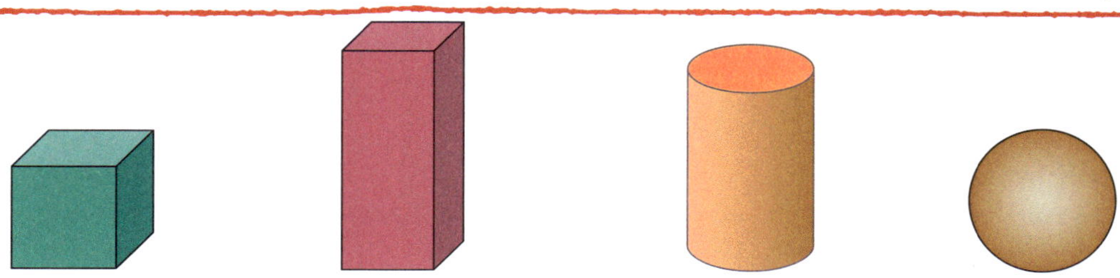

• der Würfel • der Quader • der Zylinder • die Kugel

Geld

S. 84

Uhr

Jahr

S. 92 und 98

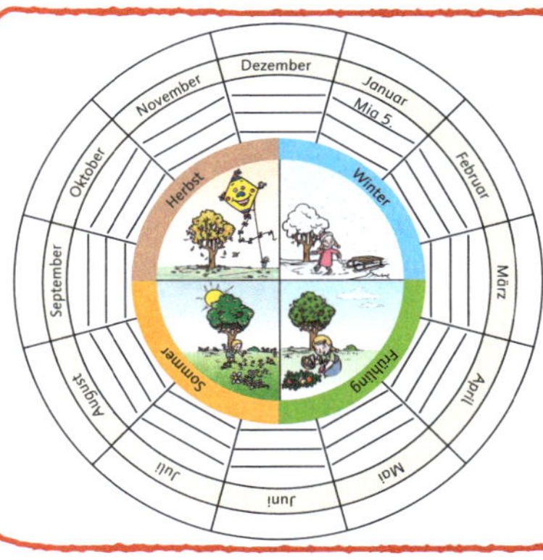

Mathematik 1

Teil B

eins zwei drei

Erarbeitet von

Ümmü Demirel, Astrid Deseniss, Claudia Drews, Christina Hohenstein, Christian Grulich, Anne Schachner, Susanne Ullrich, Christine Winter und der Cornelsen Redaktion Primarstufe

Beratung

Yurdakul Çakır, Lilo Verboom

Begutachtet von

Barbara Busch, Dietzenbach; Susanne Buschbeck, Hanau; Birgit Dose, Hamburg; Petra Hoschke-Kampmann, Essen; Denise Kestler, Großkrotzenburg; Kirsten Leimann, Hanau; Gisela Mathes-Sünder, Kelkheim; Maria Remler, Kaiserslautern; Susanne Schmidt, Wiesbaden; Eva Skrypnik, Lörrach; Dominic Smeets, Ludwigshafen; Eva Somrei, Wuppertal; Stefanie Stroth, Wuppertal

Redaktion

Mario Hanschmann-Neubert, Nadine Marx und Antje Stadermann

Illustration

Doris Umschaden

Christine Wächter S. 54–65 (Körper und Würfelbauten), S. 106–109 (Bausteine und Glücksräder)

Layoutkonzept und Umschlaggestaltung

Katharina Wolff-Steininger und Rosendahl Berlin

Layout und technische Umsetzung

Checkplot Anker & Röhr

Bildquellen

S. 84: tunesische Münze: © Iwona Adamus/iStockphoto.com, russische Münze: © Igor Vesninov/iStockphoto.com, ägyptische Münze: © Arsgera/iStockphoto.com, türkische Münze: © Hadi Serhat AKAVCI/iStockphoto.com, sonstige Münzen Cornelsen Verlagsarchiv; S. 104 Schmetterlinge: Cornelsen Verlagsarchiv

Textquellen

S. 98: Die Jahresuhr (Januar, Februar, März, April die Jahresuhr); Zuckowski, Rolf; © Musik für dich Rolf Zuckowski OHG (Sikorski Musikverlage), Hamburg

www.cornelsen.de

1. Auflage, 5. Druck 2016

Druck: Firmengruppe APPL, aprinta Druck, Wemding

ISBN 978-3-06-82044-3
ist Bestandteil vom Paket ISBN 978-3-06-82070-2

PEFC zertifiziert
Dieses Produkt stammt aus nachhaltig bewirtschafteten Wäldern und kontrollierten Quellen
PEFC/04-32-0928
www.pefc.de